上海市工程建设规范

空间格构结构技术标准

Technical standard for spatial reticulated structures

DG/TJ 08—52—2020
J 10508—2020

主编单位：上海建筑设计研究院有限公司
　　　　　同济大学
批准部门：上海市住房和城乡建设管理委员会
施行日期：2021 年 3 月 1 日

U0184148

同济大学出版社

2021　上海

图书在版编目(CIP)数据

空间格构结构技术标准/上海建筑设计研究院有限
公司,同济大学主编. —上海:同济大学出版社,
2021.5

ISBN 978-7-5608-9784-4

Ⅰ.①空… Ⅱ.①上… ②同… Ⅲ.①空间结构-技
术标准 Ⅳ.①TU399-65

中国版本图书馆 CIP 数据核字(2021)第 027205 号

空间格构结构技术标准

上海建筑设计研究院有限公司
同济大学　　　　　　　　　　　主编

策划编辑　张平官
责任编辑　朱　勇
责任校对　徐春莲
封面设计　陈益平

出版发行　同济大学出版社　　www.tongjipress.com.cn
　　　　　(地址:上海市四平路 1239 号　邮编:200092　电话:021-65985622)
经　　销　全国各地新华书店
印　　刷　浦江求真印务有限公司
开　　本　889mm×1194mm　1/32
印　　张　4.75
字　　数　128 000
版　　次　2021 年 5 月第 1 版　　2021 年 5 月第 1 次印刷
书　　号　ISBN 978-7-5608-9784-4
定　　价　45.00 元

本书若有印装质量问题,请向本社发行部调换　　版权所有　侵权必究

上海市住房和城乡建设管理委员会文件

沪建标定〔2020〕544号

上海市住房和城乡建设管理委员会
关于批准《空间格构结构技术标准》
为上海市工程建设规范的通知

各有关单位：

由上海建筑设计研究院有限公司和同济大学主编的《空间格构结构技术标准》，经我委审核，现批准为上海市工程建设规范，统一编号为 DG/TJ 08—52—2020，自 2021 年 3 月 1 日起实施。原《空间格构结构设计规程》(DG/TJ 08—52—2004)同时废止。

本规范由上海市住房和城乡建设管理委员会负责管理，上海建筑设计研究院有限公司负责解释。

特此通知。

上海市住房和城乡建设管理委员会
二○二○年九月三十日

前　言

本标准是根据上海市城乡建设和交通委员会《关于印发〈2013年上海市工程建设规范编制计划〉的通知》(沪建交〔2012〕第1236号)的要求,在经过广泛调研和征求意见的基础上,由上海建筑设计研究院有限公司、同济大学会同有关单位对《空间格构结构设计规程》DG/TJ 08—52—2004进行修订而成。

修订后本标准共有9章,包括:总则;术语和符号;基本规定;结构分析验算;结构和构件设计;节点设计;结构的防火、隔热与防腐蚀;空间格构结构的制作;空间格构结构的安装。

本次修订的主要内容有:①标准名称修改为《空间格构结构技术标准》;②按照现行国家标准及有关规范标准的要求,对相应的内容作了修订;③修订标准章节顺序;④增加有关设计中"一般规定"一节内容;⑤结构材料的化学成分、力学性能参数不再列出,标出参照现行有关国家和行业标准;⑥补充完善结构分析验算内容;⑦修改焊接空心球节点计算内容;⑧修订空间格构结构的制作、安装内容。

各单位及相关人员在执行本标准过程中,如有意见和建议,请反馈至上海市住房和城乡建设管理委员会(地址:上海市大沽路100号;邮编:200003;E-mail:bzgl@zjw.sh.gov.cn);上海建筑设计研究院有限公司(地址:上海市石门二路258号;邮编:200041),或上海市建筑建材业市场管理总站(地址:上海市小木桥路683号;邮编:200032;Email:bzglk@zjw.sh.gov.cn),以便修订时参考。

主 编 单 位：上海建筑设计研究院有限公司
　　　　　　同济大学
参 编 单 位：华东建筑设计研究院有限公司
　　　　　　上海建工集团股份有限公司
　　　　　　同济大学建筑设计研究院(集团)有限公司
　　　　　　浙江东南网架股份有限公司
　　　　　　江苏沪宁钢机股份有限公司
　　　　　　徐州飞虹网架建设有限公司
　　　　　　巨力索具股份有限公司
　　　　　　广东坚宜佳五金制品有限公司
　　　　　　北京京城环保股份有限公司
　　　　　　上海交通大学
　　　　　　上海市机电设计研究院有限公司
　　　　　　上海杰筑建筑规划设计股份有限公司
　　　　　　上海市机械施工集团有限公司
　　　　　　中船第九设计研究院工程有限公司
　　　　　　中冶建筑研究总院有限公司
主要起草人：李亚明　罗永峰　丁洁民　王春江　王朝波
　　　　　　王　磊　伍小平　刘　伟　李元齐　沈文智
　　　　　　邱枕戈　邱晓忠　陈晓明　郑毅敏　周观根
　　　　　　陆道渊　杨　超　尚景朕　高振锋　郭小农
　　　　　　贾水钟　贾宝荣　倪志刚　倪建公　崔家春
　　　　　　章亚红　董　明
主要审查人：张其林　周建龙　花炳灿　吴欣之　陈务军
　　　　　　李承铭　欧阳元文

上海市建筑建材业市场管理总站

目　次

Contents

1 总 则

1.0.1 为了在空间格构结构设计与施工中贯彻执行国家技术经济政策,做到安全可靠、技术先进、经济合理,结合本市技术经济发展的要求和特点,制定本标准。

1.0.2 本标准适用于一般工业与民用建筑中的空间格构结构。

1.0.3 空间格构结构的设计、施工除应执行本标准外,尚应符合国家、行业和本市现行有关标准的规定。

2 术语和符号

2.1 术 语

2.1.1 格构结构 reticulated structures

由刚性构件或柔性构件或刚性与柔性构件通过节点连接形成的结构体系。刚性构件如空间杆和空间梁,柔性构件如索、拉杆。

2.1.2 网架 space truss

由空间铰接杆组成的平板状空间格构结构体系。

2.1.3 网壳 grid shell

以薄膜应力为主的空间曲面格构结构,分成单层网壳和多层(含双层)网壳。

2.1.4 索结构 cable structures

由索系或索系和互不相连的刚性构件组成的能独立工作的结构体系。

2.2 符 号

A_e ——合金锚塞的有效表面积;

A_{eff} ——高强度螺栓的有效截面面积;

G_i ——结构第 i 节点的重力荷载代表值;

A_{ij} ——杆件截面面积;

a_1 ——套筒端部到滑槽端距离;

a_2 ——螺栓露出套筒长度;

D —— 锚杯的平均内径、空心球外径、空心鼓的球直径、钢球直径；

d —— 与空心球相连的主钢管杆件的外径；与鼓节点相连的主钢管外径；

d,d_s —— 空心鼓和杆件的外径；

d_1,d_2 —— 螺栓直径，组成 θ 角的钢管外径；

d_s —— 销子直径；

E —— 弹性模量；

E_0 —— 初始弹性模量；

E_t —— 切线模量；

$F_{\mathrm{E}xji},F_{\mathrm{E}yji},F_{\mathrm{E}zji}$ —— 第 j 阶振型、第 i 节点分别沿 x、y、z 方向的地震作用标准值；

f —— 钢材抗压或抗拉强度设计值；

$f_{\mathrm{f}}^{\mathrm{w}}$ —— 角焊缝的强度设计值；

$f_{\mathrm{t}}^{\mathrm{b}}$ —— 高强度螺栓经热处理后的抗拉强度设计值；

H_1 —— 鼓节点的上半鼓高度；

h_{e} —— 角焊缝的有效厚度；

$L_i,(EI)_i,(EA)_i$ —— 第 i 个杆元的计算长度、抗弯刚度和抗拉刚度；

l_{w} —— 焊缝计算长度；

$M_{\mathrm{a}i},M_{\mathrm{b}i},N_i$ —— 第 i 个杆元两端静弯矩和静轴力；

m —— 计算时所考虑的振型数；

N —— 轴心拉力或轴心压力；

$\bar{N}_{ij}$ —— 结构在温变等效节点荷载作用下的杆件内力；

N_p —— 第 p 根杆件的最大内力响应值；

N_{sd} —— 受压空心球的轴向受压或受拉承载力设计值；

N_t^b ——高强度螺栓的拉力设计值；

n ——结构节点数；

P^s ——索的内力设计值；

P_b^s ——索破断拉力；

S_{Ek} ——结构杆件地震作用标准值的效应；

S_{hj}, S_{vj} ——相应于第 j 阶振型自振周期的水平位移、竖向位移反应谱值；

S_j, S_k ——分别为第 j、k 阶振型地震作用标准值的效应；

T_{pq} ——为内力转换矩阵[T]中的元素；

T ——钢索破断拉力；

t ——空心球壁厚；

Δt ——结构温差或温度变化。

W_i ——第 i 个单元的位能；

X_{ji}, Y_{ji}, Z_{ji} ——分别为第 j 阶振型、第 i 节点的 x、y、z 方向的相对位移；

U_{ix}, U_{iy}, U_{iz} ——分别为节点 i 在 X、Y、Z 三个方向的最大位移响应值；

α ——结构杆件材料的线膨胀系数；

α_j, α_v ——相应于第 j 阶振型自振周期的水平地震影响系数；

β_{jp}, β_{kq} ——系数；

γ_j ——第 j 振型参与系数；

γ^s ——索材料的抗力系数；

ε ——弹性应变；

ε_e ——索的弹性极限应变；

ε_y ——屈服应变；

ε_u ——索的极限应变；

σ, σ_y ——任一应变状态下应力和屈服应力；

σ_b ——锚具材料的抗拉强度；

σ_e ——索的弹性极限应力；

σ_f ——按焊缝有效截面（$h_e l_w$）计算，垂直于焊缝长度方向的应力；

σ_j ——索结构中锚具的计算应力；

σ_u ——索的极限应力；

ρ_{ik} ——第 j 阶振型与第 k 阶振型的耦联系数；

ρ_{jk} ——振型间相关系数；

ξ ——螺栓伸进钢球长度与螺栓直径的比值；

ζ ——考虑支承体系与空间格构结构共同工作时，整体结构阻尼比；

ζ_i，ζ_j，ζ_k ——第 i、j、k 阶振型的阻尼比；

λ_T ——第 k 阶振型与第 j 阶振型的自振周期比；

$[\phi]$ ——振型矩阵；

γ ——振型参与系数；

ω_j，ω_k ——相应第 j 阶振型、第 k 阶振型的圆频率；

θ ——两个螺栓之间的最小夹角；汇集于球节点任意两钢管杆件间的夹角；

ξd_0 ——螺栓伸入钢球的长度；

μ ——摩擦系数；

η ——套筒外接圆直径与螺栓直径的比值；

η_d ——空心球节点承载力调整系数；

η_m ——考虑节点受压弯或拉弯作用的影响系数。

3 基本规定

3.1 一般规定

3.1.1 空间格构结构的布置应根据建筑形式、跨度、支承条件、荷载条件以及结构的受力性能等要求综合确定。

3.1.2 空间格构结构的布置应传力路线明确,且应综合考虑格构结构与下部支承结构的相互影响。对于由不同类型结构组成的复杂集成结构体系,应明确各类结构之间的支承关系及力的传递路线和方式。

3.1.3 空间格构结构的构件布置和约束条件必须保证结构体系的几何稳定,不应出现结构几何可变或瞬变现象。

3.1.4 索结构宜设计成自平衡体系,应确保预应力水平和减少索结构体系由于预张拉产生的对支承结构的作用力。

3.1.5 索结构设计时,应验算其支承结构在索未参与工作时的安全性。

3.1.6 单层网壳结构应采用刚性节点。

3.1.7 新型节点体系应经相关试验或研究分析论证后,方可应用于工程。

3.1.8 不得在高强度螺栓、销轴、螺栓球节点上进行焊接。

3.2 结构布置与选型

3.2.1 典型平面或典型立面的建筑,可选用下列结构形式:

    1 建筑平面为矩形且跨度较大的空间格构结构,可采用圆柱形单层柱面网壳或双层柱面网架,也可采用单索、平面索桁架。

    2 建筑平面为圆形或椭圆形的空间格构结构,可采用单层球面网壳或双层球面网壳、单向平面或空间拱形桁架,也可采用以辐射状布置的索桁架。

    3 建筑立面为抛物面的空间格构结构,可采用抛物面网壳或具有抛物面外形的刚性单层或双层空间格构结构。

3.2.2 矩形、菱形、椭圆形平面及其他接近规则平面的索结构,可采用整体预应力索网或多块组合的预应力索网结构。

3.2.3 斜拉结构、悬挂结构可采用网架、网壳、平面桁架、空间桁架,支承体系可采用桅杆、拱及拱桁架。

3.2.4 网架结构可采用双层、多层或局部多层的形式;网壳结构可采用单层或双层形式,也可采用局部双层形式。

3.3 荷载与作用

3.3.1 空间格构结构设计时,应考虑永久荷载、可变荷载、温度作用、施工荷载、检修荷载、地震作用及支承结构的变形或沉降。

3.3.2 空间格构结构的荷载及作用应按现行国家标准《建筑结构荷载规范》GB 50009 和《建筑抗震设计规范》GB 50011 的规定确定,并宜根据大跨度结构的特点适当调整。

3.3.3 体形复杂、有大开口或大悬挑空间的格构结构的风荷载体型系数和风振系数宜由风洞试验或专门研究确定。

3.3.4 空间格构结构雪荷载应根据不同结构形式考虑积雪的全跨均匀分布、不均匀分布和半跨均匀分布情况。

3.3.5 承受移动荷载的空间格构结构,应按移动荷载的不同位置进行最不利的效应组合计算,并应考虑杆件内力可能发生变号的工况。

3.3.6 对于大跨度、复杂支承条件的空间格构结构,应考虑施工加载次序的影响进行施工模拟分析。

3.4 材 料

3.4.1 空间格构结构的材料应根据结构的重要性、结构形式、应力状态、荷载特征、连接方法、工作环境情况合理选择。

3.4.2 空间格构结构的杆件、节点及零部件可采用结构钢、铝合金、铸钢、不锈钢及高强度钢丝、高强度钢棒等材料。

3.4.3 空间格构结构构件的钢材可采用国家现行标准规定的 Q235B、Q235C、Q235D 钢、20 号钢、Q355、Q390、Q420、Q460 钢。

3.4.4 空间格构结构的节点可采用螺栓球节点、焊接空心球节点、焊接空心鼓节点、板节点、铸钢节点，且应符合下列规定：

　　1 螺栓球的钢材宜采用现行国家标准《优质碳素结构钢》GB/T 699 规定的 45 号钢，高强螺栓的性能等级和材料及螺栓材料试件机械性能应符合现行国家标准《钢网架螺栓球节点用高强度螺栓》GB/T 16939 的规定，螺栓球网架的封板、锥头所用材料应与钢管所用材料一致。

　　2 焊接空心球节点球和焊接空心鼓节点球的钢材宜采用现行国家标准《碳素结构钢》GB/T 700 规定的 Q235B、Q235C、Q235D 钢或《低合金高强度结构钢》GB/T 1591 规定的 Q355 钢，产品质量应符合现行行业标准《空间网格结构技术规程》JGJ 7 的规定。

　　3 铸钢节点宜选用牌号为 ZG230-450H、ZG270-480H、ZG300-500H、ZG340-550H 的铸钢，可选用 G17Mn5QT、G20Mn5N 和 G20Mn5QT 的铸钢，并应符合现行国家标准《一般工程用铸造碳钢件》GB/T 11352、《焊接结构用钢铸件》GB/T 7659 和《大型低合金铸钢件技术条件》JB/T 6402 的规定。

3.4.5 空间格构结构锚具的材料宜采用 ZG35Cr1Mo、20Cr、35CrMo、40Cr 和 1Cr18Ni9Ti。空间格构结构夹具的材料宜采用优质碳素结构钢、低合金结构钢。空间格构结构轴销的材料宜采用优质碳素结构钢 35 号和 45 号钢、40Cr、合金结构钢。

3.4.6 空间格构结构中所采用的原材料、经冷热加工后的型材或构件及其他零部件材料的化学成分和机械力学性能应符合现行国家有关标准的规定。凡不符合现行国家有关标准规定的化学成分和机械力学性能的材料应进行专门的试验检测。

3.4.7 空间格构结构所采用的碳素结构钢的原材料化学成分、机械力学性能应符合现行国家标准《碳素结构钢》GB/T 700 的相关规定;强度设计值应符合现行国家标准《钢结构设计标准》GB 50017 的规定。

3.4.8 空间格构结构所采用的优质碳素结构钢原材料的化学成分与机械力学性能应符合现行国家标准《优质碳素结构钢》GB/T 699 的规定。

3.4.9 空间格构结构所采用的低合金高强度结构钢原材料化学成分、机械力学性能应符合现行国家标准《低合金高强度结构钢》GB/T 1591 的规定;强度设计值应符合现行国家标准《钢结构设计标准》GB 50017 的规定。

3.4.10 空间格构结构所采用的合金结构钢原材料的化学成分、经热处理后的机械力学性能应符合现行国家标准《合金结构钢》GB/T 3077 的规定。

3.4.11 空间格构结构所采用的索及锚具应符合现行行业标准《索结构技术规程》JGJ 257 和现行上海市工程建设规范《建筑索结构技术标准》DG/TJ 08—019 的规定。拉索可采用半平行钢丝束索、钢丝绳索和钢绞线索(图 3.4.11)。钢拉杆应符合现行国家标准《钢拉杆》GB/T 20934 的相关要求,且应符合下列规定:

　1 半平行钢丝束索的索材及性能应符合现行国家标准《斜拉桥用热挤聚乙烯高强钢丝拉索》GB/T 18365 的规定。

　2 钢丝绳索的索体宜采用单股钢丝绳和密封钢丝绳,材料性能应符合现行国家标准《钢丝绳通用技术条件》GB/T 20118 和现行行业标准《密封钢丝绳》YB/T 5295 的规定。

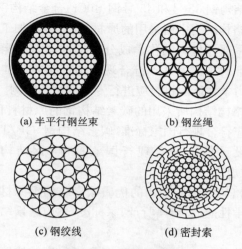

(a) 半平行钢丝束   (b) 钢丝绳

(c) 钢绞线   (d) 密封索

图 3.4.11 索体示意图

3 钢绞线索的索体宜采用镀锌钢绞线和不锈钢绞线,材料性能应符合现行行业标准《高强度低松弛预应力热镀锌钢绞线》YB/T 152 的相关规定。

4 拉索的锚具应符合现行行业标准《建筑工程用索》JG/T 330 和现行上海市工程建设规范《建筑索结构技术标准》DG/TJ 08—019 的相关要求。

3.4.12 空间格构结构用铸钢件原材料的牌号及化学成分、经热处理后的机械力学性能应符合现行国家标准《焊接结构用钢铸件》GB/T 7659 的要求。铸钢件的弹性模量及屈服强度 σ_s 宜经试验确定,铸钢件的强度设计值 f_{ZG} 可取 $0.8\sigma_s$。

3.4.13 空间格构结构用不锈钢原材料化学成分和力学性能应满足现行国家标准《不锈钢热轧钢板和钢带》GB/T 4237、《结构用不锈钢无缝钢管》GB/T 14975、《不锈钢棒》GB/T 1220 的规定。不锈钢焊条应符合现行国家标准《不锈钢焊条》GB/T 983 的规定。

3.4.14 空间格构结构的连接材料应符合下列要求：

1 空间格构结构焊接连接采用的构件主体材料、焊条、焊丝等连接材料的牌号和力学性能应符合现行国家标准《钢结构焊接规范》GB 50661 的相关规定。

2 普通螺栓和螺母的性能应分别符合现行国家标准《紧固件机械性能　螺栓、螺钉和螺柱》GB/T 3098.1 和《紧固件机械性能　螺母》GB/T 3098.2 的相关规定。

3 高强度螺栓、螺母和垫圈的材料应符合现行国家标准《钢结构用高强度大六角头螺栓、大六角螺母、垫圈技术条件》GB/T 1231 和《钢结构用扭剪型高强度螺栓连接副》GB/T 3632 的相关规定。

4 网架体系螺栓球节点中的高强度螺栓材料和性能应符合现行国家标准《钢网架螺栓球节点用高强度螺栓》GB/T 16939 的相关规定。

5 锚栓可采用现行国家标准《碳素结构钢》GB/T 700 规定的 Q235B 钢或《低合金高强度结构钢》GB/T 1591 规定的 Q355B 钢制成。

3.4.15 弯曲成形管材不宜采用屈服强度超过 Q355 钢以及屈强比 f_y/f_u 大于 0.8 的钢材，且钢管壁厚不宜大于 25 mm。

4 结构分析验算

4.1 一般规定

4.1.1 格构结构分析,宜将格构结构与其下部支承结构整体建模进行分析,也可将下部支承结构简化为等效弹性约束。

4.1.2 格构结构静力计算时,可按结构整体模型或能独立承受荷载的部分结构模型进行分析,但应补充采用整体总装模型进行整体稳定和地震效应分析。

4.1.3 结构计算模型中模拟构件的单元类型,应根据构件的实际受力、变形特点及二者间的关系确定。

4.1.4 索网结构、索穹顶结构、张弦结构以及其他预应力结构中的拉索或较短的索段,可采用直线索元或曲线索元模拟;斜拉结构中的拉索或较长的索段,宜采用考虑索自重影响的索单元模拟。

4.1.5 结构计算模型中,单层格构结构的节点,应采用刚接节点;双层及多层格构结构的节点,可采用铰接节点;当节点构造可使节点发生有限弹性转动时,可采用半刚性节点模型。节点模型的假定,应与实际构造相符。

4.1.6 当构造使格构结构杆件轴线不能交汇于一点时,内力计算应考虑偏心的影响,可根据节点主从关系采用引入偏心距或刚臂等方法建立分析模型,偏心距可按图 4.1.6 的方法确定。

4.1.7 进行结构整体分析时,作用在结构上的荷载可采用静力等效原则简化为集中荷载作用在结构节点上。设计空间铰接格构结构时,结构的杆件上不应有荷载作用。

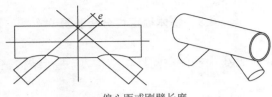

e—偏心距或刚臂长度

图 4.1.6 节点偏心构造示意图

4.1.8 结构计算模型的边界条件,应根据结构支座节点的构造特点或下部支承结构的特性确定。

4.1.9 结构支座的约束条件,应根据实际情况确定。当支座约束与结构整体坐标系不一致时,可采用斜边界约束方法。

4.1.10 包含预应力拉索的结构体系,其内力和位移计算应考虑几何非线性的影响。

4.1.11 索结构及张弦结构体系,应根据结构体系特点进行找形分析、预应力分析和在外荷载作用下的内力、位移计算,并应根据具体情况对地震作用、温度变化、支座沉降及施工安装荷载等作用下的内力、位移进行计算。

4.2 预应力分析

4.2.1 索网结构、索穹顶结构及张弦结构的成形分析,应考虑结构自重的影响。

4.2.2 索网结构、索穹顶结构、张弦结构及其他预应力结构受力分析时,应将找形后的平衡状态作为初始条件进行荷载计算。

4.2.3 索网结构、索穹顶结构、张弦结构及其他预应力结构,应进行施工张拉过程模拟分析。施工张拉过程模拟分析,应根据张拉工艺、方法及顺序选择计算方法,并应使施工模拟分析过程与实际预应力施加过程一致。

4.3 整体稳定性分析验算

4.3.1 对可能产生失稳的空间格构结构,应进行结构整体稳定性分析验算。

4.3.2 结构整体稳定性分析,应根据结构体系特点、结构上的荷载或作用及其组合,进行完善结构的线性整体稳定分析以及有缺陷结构的几何非线性整体稳定分析或有缺陷结构的几何非线性与弹塑性的整体稳定分析。

4.3.3 结构整体稳定容许承载力,可根据现行行业标准《空间网格结构技术规程》JGJ 7 的规定进行评定。

4.3.4 采用有限元方法进行结构整体稳定性极限承载力分析时,应对构件进行单元剖分,且单根构件应剖分为偶数个单元。

4.4 地震反应分析与抗震验算

4.4.1 用作屋盖结构的网格类格构结构的抗震验算,应符合现行行业标准《空间网格结构技术规程》JGJ 7 的规定。

4.4.2 结构的地震反应,可根据结构的形状、体系、跨度、规模、重要性,选取水平向地震作用或水平与竖向地震共同作用进行计算。体形复杂或重要的大跨度结构,应同时选取水平与竖向地震作用进行计算。

4.4.3 多遇地震作用下结构的反应,可采用振型分解反应谱法或时程分析法进行计算。体形复杂或重要的大跨度结构采用振型分解反应谱法计算时,应采用时程分析法进行补充计算。罕遇地震作用下结构反应计算,应采用非线性时程分析方法。

4.4.4 计算地震作用下结构反应时,结构阻尼比的取值应符合下列规定:

    1 多遇地震作用下,钢格构结构阻尼比可取 0.02。当支承

体系与钢格构结构材料不同时可按构件确定阻尼比,也可采用下式计算:

$$\zeta = \frac{\sum\limits_{i=1}^{n} \zeta_i W_i}{\sum\limits_{i=1}^{n} W_i} \qquad (4.4.4-1)$$

式中:ζ——考虑支承体系与空间格构结构共同工作时,整体结构阻尼比;

$\quad\quad\zeta_i$——第 i 个单元的阻尼比,钢结构取 0.02,混凝土结构取 0.05;

$\quad\quad n$——单元总数;

$\quad\quad W_i$——第 i 个单元的位能,可按下列规定计算:

1)梁元位能为

$$W_i = \frac{L_i}{6(EI)_i}(M_{ai}^2 + M_{bi}^2 - M_{ai}M_{bi}) \qquad (4.4.4-2)$$

2)杆元位能为

$$W_i = \frac{N_i^2 L_i}{2(EA)_i} \qquad (4.4.4-3)$$

式中:L_i,$(EI)_i$,$(EA)_i$——第 i 个杆元的计算长度、抗弯刚度和抗拉刚度;

$\quad\quad M_{ai}$,M_{bi},N_i——第 i 个杆元两端静弯矩和静轴力。

2 罕遇地震作用下,结构阻尼比均取 0.05。

4.4.5 计算结构地震反应时,重力荷载代表值应按现行国家标准《建筑抗震设计规范》GB 50011 的规定确定。

4.4.6 采用时程分析法时,应根据建筑场地类别和设计地震分组选取加速度时程曲线,且应符合下列规定:

1 加速度时程曲线应包括实际强震记录和人工模拟记录两

类,实际强震记录不应少于 2 组,人工模拟记录不应少于 1 组。

2 时程曲线的加速度幅值应根据地震烈度和设防地震水平确定,加速度时程的峰值可按表 4.4.6 取值。

表 4.4.6 时程分析可采用地震加速度时程曲线峰值(cm/s²)

地震影响	6 度	7 度		8 度		9 度
	$0.05g$	$0.10g$	$0.15g$	$0.20g$	$0.30g$	$0.40g$
多遇地震	18	35	55	70	110	140
设防地震	50	100	150	200	300	400
罕遇地震	125	200	310	400	510	620

3 加速度时程曲线的平均地震影响系数曲线应与振型分解反应谱法所采用的地震影响系数曲线在统计意义上相符;弹性时程分析时,每条时程曲线计算所得结构总剪力不应小于振型分解反应谱法计算结果的 65%,多条时程曲线计算所得结构总剪力的平均值不应小于振型分解反应谱法计算结果的 80%。

4 当取 3 组加速度时程曲线计算时,结构响应宜取时程分析的包络值和振型分解反应谱法的较大值;当取 7 组及 7 组以上的加速度时程曲线计算时,结构响应可取时程分析的平均值和振型分解反应谱法的较大值。

4.4.7 采用振型分解反应谱法进行单向地震作用下结构反应分析时,空间格构结构第 j 振型、第 i 节点的水平或竖向地震作用标准值,应按下式确定:

$$\left.\begin{array}{l} F_{Exji}=a_j\gamma_j X_{ji}G_i \\ F_{Eyji}=a_j\gamma_j Y_{ji}G_i \\ F_{Ezji}=a_j\gamma_j Z_{ji}G_i \end{array}\right\} \quad (4.4.7\text{-}1)$$

式中:F_{Exji},F_{Eyji},F_{Ezji}——第 j 阶振型、第 i 节点分别沿 x、y、z 方向的地震作用标准值;

α_j——相应于第 j 阶振型自振周期的水平

地震影响系数,按现行国家标准《建筑抗震设计规范》GB 50011 的规定确定,竖向地震影响系数取 $0.65\alpha_j$；

X_{ji},Y_{ji},Z_{ji}——第 j 阶振型、第 i 节点的 x、y、z 方向的相对位移；

G_i——结构第 i 节点的重力荷载代表值,其中永久荷载取结构自重标准值,可变荷载取屋面雪荷载或积灰荷载标准值,组合值系数取 0.5；

γ_j——第 j 振型参与系数,应按式(4.4.7-2)～式(4.4.7-4)确定:

1) 计算 x 方向(水平)地震作用时,第 j 阶振型参与系数应按下式计算:

$$\gamma_j = \frac{\sum\limits_{i=1}^{n} X_{ji} G_i}{\sum\limits_{i=1}^{n}(X_{ji}^2 + Y_{ji}^2 + Z_{ji}^2) G_i} \qquad (4.4.7-2)$$

2) 计算 y 方向(水平)地震作用时,第 j 阶振型参与系数应按下式计算:

$$\gamma_j = \frac{\sum\limits_{i=1}^{n} Y_{ji} G_i}{\sum\limits_{i=1}^{n}(X_{ji}^2 + Y_{ji}^2 + Z_{ji}^2) G_i} \qquad (4.4.7-3)$$

3) 计算 z 方向(竖向)地震作用时,第 j 阶振型参与系数应按下式计算:

$$\gamma_j = \frac{\sum\limits_{i=1}^{n} Z_{ji} G_i}{\sum\limits_{i=1}^{n}(X_{ji}^2 + Y_{ji}^2 + Z_{ji}^2) G_i} \qquad (4.4.7-4)$$

式中：n——结构节点数。

4.4.8 采用振型分解反应谱法计算单向地震作用下的结构响应，应符合下列规定：

1 网架类平板状结构杆件地震作用效应，可按下式确定：

$$S_{Ek} = \sqrt{\sum_{j=1}^{m} S_j^2} \qquad (4.4.8-1)$$

2 网壳类曲面结构杆件地震作用效应，宜按下列公式确定：

$$S_{Ek} = \sqrt{\sum_{j=1}^{m} \sum_{k=1}^{s} \rho_{jk} S_j S_k} \qquad (4.4.8-2)$$

$$\rho_{jk} = \frac{8\zeta_j \zeta_k (1+\lambda_T) \lambda_T^{1.5}}{(1-\lambda_T^2)^2 + 4\zeta_j \zeta_k (1+\lambda_T)^2 \lambda_T} \qquad (4.4.8-3)$$

式中： S_{Ek}——结构杆件地震作用标准值的效应；

S_j，S_k——第 j、k 阶振型地震作用标准值的效应；

ρ_{jk}——第 j 阶振型与第 k 阶振型的耦联系数；

ζ_j，ζ_k——第 j、k 阶振型的阻尼比；

λ_T——第 k 阶振型与第 j 阶振型的自振周期比；

m——计算中截取的振型数。

4.4.9 采用振型分解反应谱法计算结构反应时，各个方向质量参与系数累积值不应小于 90%。

4.4.10 当空间格构结构支承于下部结构上时，应考虑下部支承结构对格构结构反应的影响，可采用下列模型进行计算：

1 简化计算模型。建立空间格构结构计算模型时，将支承结构简化为格构结构的弹性支座。

2 精确计算模型。考虑支承结构与空间格构结构共同工作，建立包括格构结构与下部支承结构的整体计算模型。

4.4.11 计算结构在多向地震作用下的效应时，可采用多维随机振动分析方法、多维反应谱法或时程分析法。

4.5 温度作用分析

4.5.1 空间格构结构因温度变化产生的效应计算,应符合现行行业标准《空间网格结构技术规程》JGJ 7 的规定。

4.5.2 空间格构结构因温度变化产生的内力,可采用杆系有限单元法进行计算。结构杆件因温差引起的内力,可按下式计算:

$$N_{ij} = \bar{N}_{ij} - E\Delta t\alpha A_{ij} \tag{4.5.2}$$

式中: $\bar{N}_{ij}$ ——结构在温变等效节点荷载作用下的杆件内力;

E ——结构杆件材料弹性模量;

α ——结构杆件材料的线膨胀系数,钢材取 0.000012/℃,混凝土取 0.00001/℃;

A_{ij} ——杆件截面面积;

Δt ——结构温差或温度变化。

4.5.3 当空间格构结构没有屋面覆盖系统,直接暴露于阳光直晒的环境中时,温度作用应根据情况适当提高。

4.5.4 火灾作用下的高温受力计算,可根据现行国家标准《建筑钢结构防火技术规范》GB 51249 的相关要求进行。

4.6 组合空间格构结构分析

4.6.1 分析组合空间格构结构时,可根据组合空间格构结构的体系,将带肋平板简化为能承受轴力、剪力和弯矩的梁元和板壳元,将腹杆和下弦杆简化为承受轴力的杆元,建立结构计算模型。

4.6.2 分析组合空间格构结构时,可采用基于空间杆系有限元法的简化方法,将组合空间格构的带肋平板等代为仅能承受轴力的上弦杆并与腹杆和下弦杆构成两种不同材料的等代空间格构,按空间杆系有限元法进行内力、位移分析。

4.7 节点及局部受力分析

4.7.1 对于形状复杂、构造复杂的节点、新型节点以及特殊节点，应通过数值分析确定其设计应力、变形及其承载力，并宜通过试验研究验证数值计算结果，确定其承载力。

4.7.2 对于结构中形状及构造复杂的局部区域或子结构，应通过数值分析确定其设计状态应力与变形及其承载力，并宜通过试验研究验证数值计算结果，确定其承载力。

4.7.3 结构节点及局部分析的计算模型，应与其实际构造一致。边界条件的选择应符合节点的实际受力状态。

4.7.4 结构节点及局部的数值分析，应采用非线性计算方法。

4.7.5 对节点进行检验性物理试验或有限元模拟分析时，施加荷载的最大值应不小于荷载设计值的 1.3 倍。

5 结构和构件设计

5.1 一般规定

5.1.1 空间格构结构的构件截面宜采用对称截面。承重结构的杆件截面,角钢不宜小于 ∟50×3,钢管不宜小于 ϕ48×3。

5.1.2 构造设计时,不宜有容易积水或积灰的死角。管形截面应将杆件两端头采用封板焊接封闭。

5.1.3 当杆件由双角钢或双槽钢组成,应设置缀板连接,受压杆件的缀板间距离不应大于 $40i$(i 为单肢截面回转半径),受拉杆件的缀板间距离不应大于 $80i$,且受压杆件两个侧向支承点间的缀板不得少于 2 个。满足本条构造规定的构件,可以按实腹式构件进行设计,不需按格构构件考虑换算长细比。

5.1.4 由不同类型结构组成的空间格构结构体系,应考虑不同类型子结构间的相互作用,且应考虑与其支承之间的相互影响或作用。

5.1.5 弹性支承的空间格构结构分析应考虑支承的构造及弹性刚度,并应分别计算支承的弹性刚度对空间格构结构受力性能的影响及空间格构结构对下部支承结构的作用。

5.1.6 斜拉结构体系宜避免或减少悬挂点处的应力集中。斜拉构件与被拉结构平面之间的夹角不宜小于 30°。

5.1.7 斜拉结构体系中应有能承受反向作用力的平衡系统。

5.1.8 空间格构结构的屋面起坡形式宜采用格构结构变高度或整个格构结构起坡。也可在空间格构结构的上弦设置小立柱,但必须确保小立柱的稳定性,并应满足抗震要求。跨度较大的空间格构结构,其排水坡度的确定应考虑结构的变形。

5.1.9 当计算屋面坡度小于 3% 的屋面结构或构件时,应考虑其变形或排水不畅引起屋面积水所产生的附加荷载。

5.1.10 对大型复杂的空间格构结构,宜进行减少风致效应作用设计,可采取减振、隔振措施,可通过风洞试验、数值分析方法模拟、优化结构体型。

5.1.11 对风荷载起主导作用的大跨度空间格构结构,可设计导风装置。

5.1.12 空间格构结构的支座或支承结构的水平和竖向约束刚度和质量,宜进行优化设计。

5.1.13 有抗震要求的空间格构结构,支座节点宜采用带有限位装置和可滑动摩擦的支座。

5.1.14 抗震设防烈度为 7 度和 8 度时,平面形状为四边形的空间格构结构,在其支承平面内周边区段宜设置水平支撑。沿周边的 1～3 网格杆件长细比不应大于 180。

5.1.15 空间格构结构的支座应考虑温度变化,宜采用滑移或弹性支承节点构造。

5.2 设计参数

5.2.1 空间格构结构的设计参数如结构的厚度和网格尺寸,可根据结构的型式、跨度、屋面材料及构造要求确定,可按表 5.2.1-1 和表 5.2.1-2 选用。

5.2.2 两端支承的圆柱面网壳,其宽度 B 与跨度 L 之比宜小于 1.0,网壳矢高可取宽度的 1/3～1/6;沿纵向两边缘落地支承的圆柱面网壳的矢高可取宽度或跨度的 1/2～1/5;双层圆柱面网壳的厚度可取宽度的 1/20～1/50。单层圆柱面网壳,当两端边支撑时,其跨度 L 不宜大于 35 m;当沿两纵边支撑时,其跨度(即宽度 B)不宜大于 30 m。

表 5.2.1-1　网架的上弦网格数和跨厚比

网架形式	钢筋混凝土屋面体系		钢檩条屋面体系	
	网格数	跨厚比	网格数	跨厚比
两向正交正放网架、 正放四角锥网架、 正放抽空四角锥网架	$(2\sim4)$ $+0.2L_2$	$10\sim14$	$(6\sim8)$ $+0.07L_2$	$(13\sim17)$ $-0.03L_2$
两向正交斜放网架、 棋盘形四角锥网架、 斜放四角锥网架、 星形四角锥网架	$(6\sim8)$ $+0.08L_2$			

注：L_2 为网架主要传力方向的跨度，单位为 m。当跨度小于 18 m 时，网格数可适当减少。

表 5.2.1-2　网壳的上弦网格数和跨厚比

网壳形式	钢筋混凝土屋面体系		钢檩条屋面体系	
	网格数	跨厚比	网格数	跨厚比
正交正放柱面网壳、 斜交正放柱面网壳、 四角锥柱面网壳	$(2\sim4)$ $+0.2L_2^*$	$10\sim18$	$(6\sim8)$ $+0.07L_2^*$	$(13\sim20)$ $-0.03L_2^*$
肋环型球面网壳、 四角锥球面网壳、 三角锥球面网壳		$10\sim18$		$(13\sim20)$ $-0.03L_2^*$

注：L_2^* 为网壳沿主要传力方向的展开长度，单位为 m。

5.2.3 球面网壳的矢高可取跨度（平面直径）的 $1/3\sim1/7$。双层球面网壳的厚度可取跨度（平面直径）的 $1/30\sim1/60$。单层球面网壳的跨度（平面直径）不宜大于 80 m。

5.2.4 多点支承格构结构的悬臂长度宜为相邻跨度的 $1/4\sim1/3$。

5.2.5 空间格构结构中相邻杆件的夹角不宜小于 $30°$。

5.2.6 立体桁架的厚度可取跨度的 $1/12\sim1/16$；立体拱架的厚度可取跨度的 $1/20\sim1/30$，矢高可取跨度的 $1/3\sim1/6$。

5.2.7 张弦立体桁架的厚度可取跨度的 $1/30\sim1/50$；张弦立体桁

架的矢高可取跨度的 1/7～1/10,其中拱架矢高可取跨度的
1/14～1/18,张弦的垂度可取跨度的 1/12～1/30。

5.3 支撑系统

5.3.1 支撑系统设置应与格构结构布置形成封闭型。在每一个
温度区或分期施工段,支撑系统应设置成独立的空间稳定结构
体系。

5.3.2 支撑构件可采用刚性或柔性杆件。刚性支撑构件应按压
弯构件设计,柔性支撑构件可按只拉构件设计。

5.4 工业厂房中的空间格构结构

5.4.1 工业厂房的空间格构结构宜采用周边支承或中间点支承
型式。跨度较大的空间格构结构在开口端宜采取刚度加强措施,
并应采用合适的墙架结构体系。屋面围护体系宜选用轻质围护
体系。

5.4.2 处于腐蚀环境中的空间格构结构,其防腐蚀设计应符合现
行国家标准《工业建筑防腐蚀设计标准》GB 50046 的规定。

5.4.3 有悬挂吊车的空间格构结构,应根据吊车的工作制分别对
构件或连接进行疲劳验算,并应符合现行国家标准《钢结构设计
标准》GB 50017 的规定。

5.5 杆 件

5.5.1 空间格构结构的杆件应按现行国家标准《钢结构设计标
准》GB 50017 的规定进行验算。

5.5.2 确定杆件的长细比时,其计算长度 l_0 应按表 5.5.2-1～
表 5.5.2-3 采用。

表 5.5.2-1 平板网架杆件计算长度 l_0

杆件	节点		
	螺栓球	焊接空心球	板节点
弦杆及支座腹杆	l	$0.9l$	l
腹杆	l	$0.8l$	$0.8l$

注：l 为杆件几何长度(节点中心间距离)。

表 5.5.2-2 多层网壳杆件计算长度 l_0

杆件	节点		
	螺栓球	焊接空心球	板节点
弦杆及支座腹杆	l	l	l
腹杆	l	$0.9l$	$0.9l$

注：l 为杆件几何长度(节点中心间距离)。

表 5.5.2-3 单层网壳杆件计算长度 l_0

杆件	位置	
	壳体曲面内	壳体曲面外
所有杆件	$0.9\,l$	$1.6\,l$

注：l 为杆件几何长度(节点中心间距离)。

5.5.3 杆件的长细比 λ 不宜超过表 5.5.3-1 和表 5.5.3-2 的规定。

表 5.5.3-1 网架与多层网壳杆件允许长细比 λ

杆件		平板网架	多层网壳
受压杆件		180	150
受拉杆件	一般杆件	350	350
	支座附近处杆件	300	300
	直接承受动力荷载杆件	250	250

表 5.5.3-2　网壳杆件允许长细比 λ

网壳类别	受压杆件、压弯杆件	受拉杆件、拉弯杆件
单层网壳	150	300
双层网壳	180	300

5.6　变形控制

5.6.1　结构或构件的变形(挠度或侧移)容许值应符合现行国家标准《钢结构设计标准》GB 50017 的规定。

5.6.2　空间格构结构在恒荷载和可变荷载标准值作用下的最大容许变形值应符合表 5.6.2 的规定。

表 5.6.2　空间格构结构的最大容许变形值

平板型网架结构的屋盖	$L/250$
平板型网架结构的楼盖	$L/300$
单层网壳屋盖	$L/400$
双层网壳屋盖	$L/250$
平面和立体桁架	$L/250$

注：L 为短跨长度(对于悬臂梁和伸臂梁式结构,为悬挑长度的 2 倍)。

5.6.3　带有悬挂吊车的空间格构结构的变形控制值,应根据悬挂吊车的运行要求确定,且最大容许变形值不宜大于结构跨度的 1/400。

5.6.4　计算结构或构件变形时,可不考虑螺栓(或铆钉)孔引起的截面削弱。

5.6.5　空间格构结构宜起拱,起拱值大小应根据实际需要而定。

5.7　疲劳验算

5.7.1　本节适用于常温、无腐蚀等条件下的疲劳计算,不符合本节规定的结构杆件的疲劳强度应通过专门的试验和分析确定。

5.7.2 工业建筑中带悬挂吊车或桥式吊车的结构、悬臂结构及其他直接承受动力荷载重复作用的钢结构构件及其连接,当应力循环次数不小于 5×10^4 次时,应进行疲劳计算。

5.7.3 疲劳计算可采用容许应力幅值法,应力可按弹性状态计算,容许应力幅值可按构件和连接类别以及应力循环次数确定。在应力循环中不出现拉应力的部位可不计算疲劳。

5.7.4 对风敏感型或可能发生风致振动的结构,应进行风荷载作用下的疲劳验算。

6 节点设计

6.1 一般规定

6.1.1 空间格构结构的节点宜根据结构的体系、荷载、制作、安装条件进行设计,并应保证传力明确。

6.1.2 空间格构结构的节点可分为焊接连接节点体系、机械连接节点体系。

6.1.3 节点必须具有足够的强度和刚度。节点不应先于杆件破坏,也不应产生不可忽略的变形。

6.1.4 施工合拢节点宜采用可调节点或在节点中间设置调节间隙。

6.1.5 连接与节点的疲劳强度应通过专门的试验和分析确定。

6.2 节点类型与构造

6.2.1 支座节点应采用传力可靠、连接简单的构造形式。支座节点应根据其主要受力特点进行选型,并应满足计算模型的假定。

6.2.2 常用压力支座节点可采用下列构造形式:

1 平板压力支座节点(图 6.2.2-1),可用于中、小跨度的空间格构结构。

2 单面弧形压力支座节点(图 6.2.2-2),可用于要求沿单方向转动的中、小跨度结构;支座反力较大时,可采用图 6.2.2-2(b)所示的支座形式。

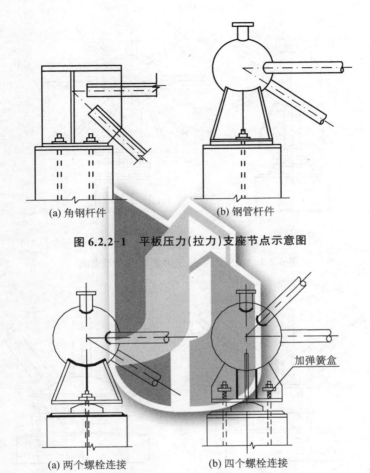

(a) 角钢杆件　　　　　　(b) 钢管杆件

图 6.2.2-1　平板压力(拉力)支座节点示意图

(a) 两个螺栓连接　　　　　　(b) 四个螺栓连接

加弹簧盒

图 6.2.2-2　单面弧形压力支座节点示意图

3　双面弧形压力支座节点(图 6.2.2-3),可用于下部支承结构刚度较大且温度应力较大的结构。

4　球铰压力支座节点(图 6.2.2-4),可用于有抗震要求、多点支承的大跨度结构。

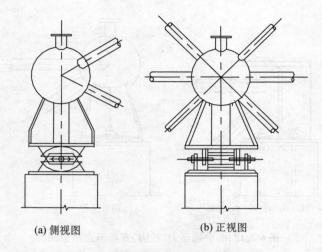

(a) 侧视图   (b) 正视图

图 6.2.2-3　双面弧形压力支座节点示意图

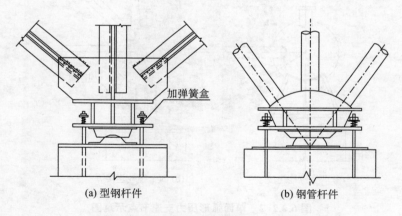

(a) 型钢杆件   (b) 钢管杆件

图 6.2.2-4　球铰压力支座节点示意图

　　5　压力支座节点中可增设与埋头螺栓相连的过渡钢板,并应与支座预埋钢板焊接(图 6.2.2-5)。

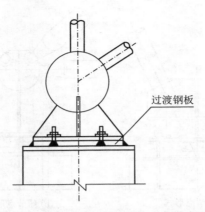

图 6.2.2-5 采用过渡钢板的压力支座节点示意图

6.2.3 常用拉力支座节点可采用下列构造形式：

1 平板拉力支座节点(图 6.2.2-1),可用于较小跨度结构。

2 单面弧形拉力支座节点(图 6.2.3-1),可用于要求沿单方向转动的中、小跨度结构。

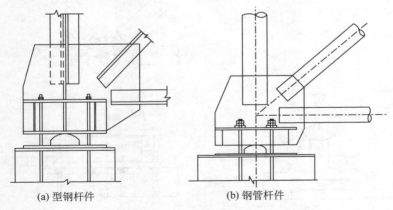

(a) 型钢杆件   (b) 钢管杆件

图 6.2.3-1 单面弧形拉力支座节点示意图

3 球铰拉力支座节点(图 6.2.3-2),可用于多点支承的大跨度结构。

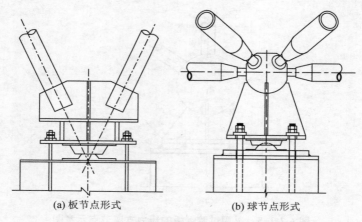

(a) 板节点形式   (b) 球节点形式

图 6.2.3-2　球铰拉力支座节点示意图

6.2.4　滑移转动支座节点(图 6.2.4-1)和双向滑移支座节点(图 6.2.4-2),可用于支座反力较大、有抗震要求、有较大温度应力影响和水平位移的大跨度空间格构结构。

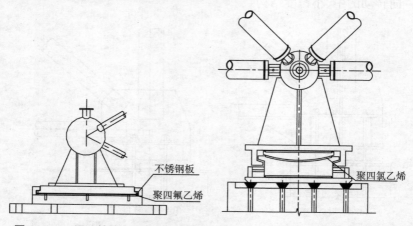

图 6.2.4-1　滑移转动支座节点示意图　　**图 6.2.4-2　双向滑移支座节点示意图**

6.2.5　橡胶板式支座节点(图 6.2.5),可用于支座反力较大、有抗震要求、温度影响、水平位移较大与有转动要求的大、中跨度空间格构结构。橡胶支座应采用由多层橡胶片与薄钢板相间粘合而成的橡胶垫板,其材料性能、构造要求及计算公式应符合现行行业标准《空间网格结构技术规程》JGJ 7 的相关要求。

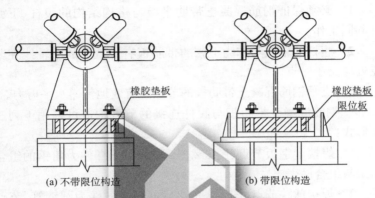

(a) 不带限位构造   (b) 带限位构造

图 6.2.5　橡胶板式支座节点示意图

6.2.6　刚接支座节点,宜符合图 6.2.6 的要求,可用于中、小跨度空间格构结构中承受轴力、弯矩和剪力的支座节点。支座节点竖向支承板厚度应大于焊接空心球节点壁厚 2 mm,球体置入支承板深度应大于2/3 球径。

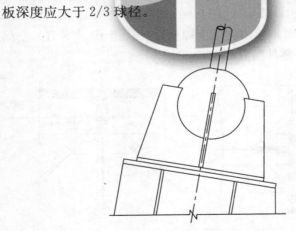

图 6.2.6　刚接支座节点示意图

6.2.7 支座节点的设计与构造应满足现行行业标准《空间网格结构设计规程》JGJ 7 的规定。

6.2.8 组合格构结构的上弦节点构造应符合下列要求：

1 必须保证钢筋混凝土带肋平板与格构结构的腹杆、下弦杆共同工作。

2 腹杆的轴线与作为上弦的带肋板有效截面的中轴线在节点处应交于一点。

3 支承钢筋混凝土带肋板的节点应有效地传递水平剪力。

6.2.9 钢筋混凝土带肋板与腹杆连接的节点构造可采用下列三种形式：

1 焊接十字板节点(图 6.2.9-1)，可用于杆件为角钢的组合网架与组合网壳。

2 焊接球缺节点(图 6.2.9-2)，可用于杆件为圆钢管、节点为焊接空心球的组合网架与组合网壳。

3 螺栓环节点(图 6.2.9-3)，可用于杆件为圆钢管、节点为螺栓球的组合网架与组合网壳。

6.2.10 组合网架与组合网壳结构节点的构造应满足现行行业标准《空间网格结构设计规程》JGJ 7 的规定。

6.2.11 螺栓球节点应由高强度螺栓、钢球、销子(或螺钉)、套筒和锥头或封板等零件组成(图 6.2.11)。

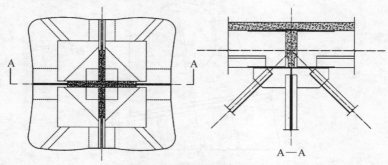

图 6.2.9-1 焊接十字板节点构造

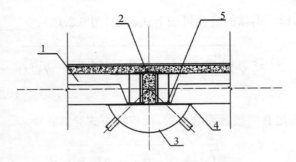

1—钢筋混凝土带肋板；2—上盖板；3—球缺节点；
4—圆形钢板；5—肋板底部预埋钢板

图 6.2.9-2 焊接球缺节点构造

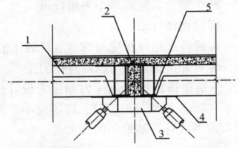

1—钢筋混凝土带肋板；2—上盖板；3—螺栓环节点；
4—圆形钢板；5—肋板底部预埋钢板

图 6.2.9-3 螺栓环节点构造

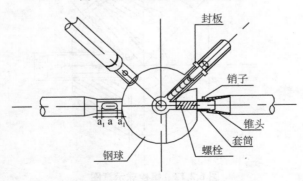

图 6.2.11 螺栓球节点示意图

6.2.12 钢球的直径可按下式确定(图 6.2.12):

$$D \geqslant \sqrt{\left(\frac{d_2}{\sin\theta} + d_1 \operatorname{ctan}\theta + 2\xi d_1\right)^2 + \eta^2 d_1^2}$$

(6.2.12-1)

为满足套筒接触面的要求,尚应按下式验算:

$$D \geqslant \sqrt{\left(\frac{\eta d_2}{\sin\theta} + \eta d_1 \operatorname{ctan}\theta\right)^2 + \eta^2 d_1^2} \quad (6.2.12\text{-}2)$$

式中: D ——钢球直径(mm);

θ ——两个螺栓之间的最小夹角(rad);

d_1, d_2 ——螺栓直径(mm), $d_1 > d_2$;

ξ ——螺栓伸进钢球长度与螺栓直径的比值;

η ——套筒外接圆直径与螺栓直径的比值。

ξ 和 η 值应分别根据螺栓承受拉力和压力设计值确定,其值可取 $\xi = 1.1$, $\eta = 1.8$。螺栓伸进钢球长度不应小于 11 个丝扣。

钢球直径应取两式计算结果中的较大者。

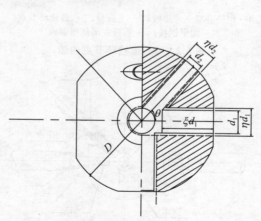

图 6.2.12 螺栓球示意图

6.2.13 套筒外形尺寸应符合扳手开口系列,端部应保持平整,内孔径可比螺栓直径大 1 mm,且应符合下列规定:

1 对于受压杆件的套筒,应根据其传递的最大压力值验算其抗压承载力和端部有效截面的局部承压力。

2 套筒端部到开槽端距离应使该处有效截面抗剪力不小于紧固螺钉的抗剪力,且不应小于 1.5 倍开槽的宽度。

3 套筒长度(mm)可按下式计算:

$$l = a + 2a_1 \qquad (6.2.13-1)$$

$$a = \xi d_0 - a_2 + d_s + 4 \text{ mm} \qquad (6.2.13-2)$$

式中:d_s——销子直径(mm);

a_1——套筒端部到滑槽端距离(mm);

ξd_0——螺栓伸入钢球的长度(mm);

a_2——螺栓露出套筒长度,可预留 4 mm~6 mm,但不应少于 1.5 个~2 个丝扣。

6.2.14 当杆件直径大于或等于 76 mm 时,宜采用锥头连接;当杆件直径小于 76 mm 时,可采用封板或锥头连接。

6.2.15 杆件端部可采用锥头(图 6.2.15-1)或封板(图 6.2.15-2)连接,且应符合下列规定:

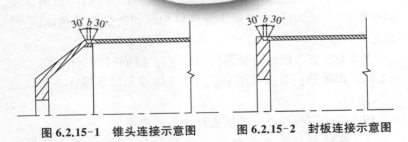

图 6.2.15-1 锥头连接示意图 　　图 6.2.15-2 封板连接示意图

1 连接焊缝以及锥头的任何截面必须不低于所连接的钢管强度,坡口根部间隙 b 可根据连接钢管壁厚取 2 mm~5 mm。

2 封板厚度应按实际受力大小计算确定,且不宜小于钢管外径的 1/5。

3 锥头底板厚度应按实际受力大小计算确定,且不宜小于锥头底部外径的 1/5,锥头底板外径宜较套筒外接圆直径大 1 mm~2 mm,锥头底板内平台直径宜比螺栓头直径大 2 mm。锥头倾角应小于 40°。

4 封板及锥头底部厚度可按表 6.2.15 采用。

表 6.2.15　封板及锥头底部厚度

螺纹规格	封板/锥底厚度(mm)	螺纹规格	锥底厚度(mm)
M12,M14	14	M36~M42	35
M16	16	M45~M52	38
M20~M24	18	M56~M60	45
M27~M33	23	M64	48

6.2.16　紧固螺钉宜采用高强度钢材,其直径可取螺栓直径的 0.16 倍~0.18 倍,且不宜小于 3 mm。

6.2.17　焊接钢板节点可由十字节点板和盖板组成,其构造宜符合下列规定:

1　十字节点宜由 2 块带企口的钢板对插焊成,亦可由 3 块钢板焊成(图 6.2.17)。对于小跨度格构结构的受拉节点,可不设置盖板。

2　十字节点板与盖板所用钢材应与结构杆件钢材一致。

6.2.18　焊接钢板节点可用于平面桁架体系和四角锥体系组成的格构结构。

6.2.19　焊接钢板节点的构造应符合下列要求:

1　杆件重心线在节点处宜交于一点,否则应考虑其偏心影响。

2　杆件与节点连接应使焊缝截面的重心与杆件重心重合,

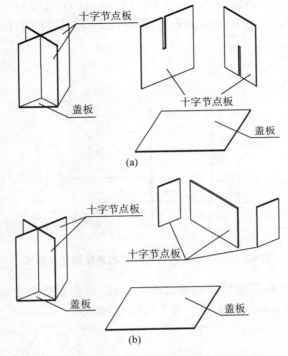

图 6.2.17　焊接钢板节点示意图

否则应考虑其偏心影响。

　　3　应便于制作和拼装。

6.2.20　结构弦杆应与盖板和十字节点板共同连接；当结构跨度较小时，弦杆可仅与十字节点板连接。

6.2.21　节点板厚度应根据结构最大杆件内力确定，并应比连接杆件的最大厚度大 2 mm，但不得小于 6 mm；当连接杆件的厚度大于 10 mm 时，节点板厚度不宜小于连接杆件最大厚度的 1.2 倍。节点板的平面尺寸应考虑制作和装配的误差。

6.2.22　十字节点板的竖向焊缝应采用 V 形或 K 形坡口的对接焊缝。当采用角焊缝时，应保证焊缝承载力不低于节点板。

6.2.23 焊接钢板节点上,弦杆与腹杆、腹杆与腹杆之间以及杆端部与节点板中心线之间的间隙均不宜小于 20 mm(图 6.2.23)。

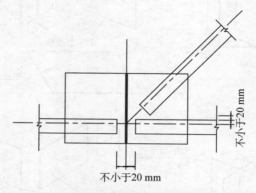

不小于20 mm

不小于20 mm

图 6.2.23 十字节点板和杆件的连接构造示意图

6.2.24 由两个半球焊接而成的空心球,可根据受力大小分为不加肋(图 6.2.24-1)和加肋(图 6.2.24-2)两种。

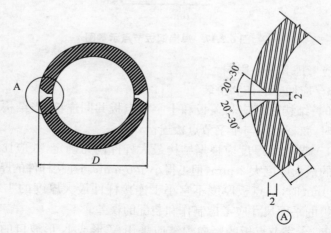

图 6.2.24-1 不加肋的空心球示意图

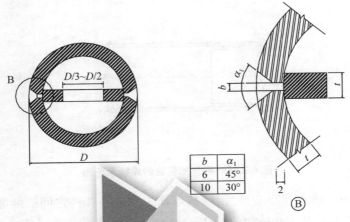

b	α_1
6	45°
10	30°

图 6.2.24-2　加肋的空心球示意图

6.2.25　焊接空心球构造应满足下列要求：

1　单层网壳空心球的壁厚与外径之比宜取 $1/35\sim1/20$，杆件仅受轴向力的网架和双层网壳空心球的壁厚与外径之比宜取 $1/45\sim1/25$；空心球外径与主钢管外径之比宜取 $2.4\sim3.0$；主钢管的壁厚宜取空心球壁厚的 $1/2\sim1/1.5$。空心球壁厚不宜小于 4 mm。

2　不加肋空心球和加肋空心球的成型对接焊接，应分别满足图 6.2.24-1 和图 6.2.24-2 的要求。加肋空心球的肋板可用平台或凸台；采用凸台时，其高度不得大于 1 mm。

3　与空心球连接的钢管应开坡口，在钢管与空心球之间应留有一定缝隙予以焊透，钢管端头可加套管与空心球焊接（图 6.2.25）。

4　角焊缝的焊脚尺寸应符合：当 $t\leqslant4$mm 时，$h_f=1.5t$；当 $t>4$mm 时，$1.5\sqrt{t}<h_f\leqslant1.2t$。套管壁厚不小于 3 mm，长度可为 30 mm～50 mm。

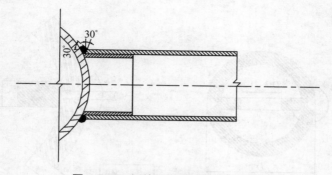

图 6.2.25　钢管加套管的连接示意图

6.2.26　在确定空心球外径时,球面上相连接杆件之间的缝隙 a 不宜小于 10 mm(图 6.2.26)。空心球直径可初步按下式估算:

$$D = (d_1 + 2a + d_2)/\theta \qquad (6.2.26)$$

式中:　θ ——汇集于球节点任意两钢管杆件间的夹角(rad);

　　d_1, d_2 ——组成 θ 角的钢管外径(mm)。

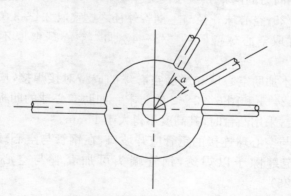

图 6.2.26　空心球节点示意图

6.2.27　当空心球直径过大且连接杆件又较多时,可允许部分腹杆与腹杆或腹杆与弦杆相汇交,但必须满足下列构造要求:

1 汇交叉杆件的轴线必须通过球中心线。

2 汇交两杆中,截面积大的杆件必须全截面焊在球上(当两杆截面积相等时,取受拉杆),另一杆坡口焊在相汇腹杆上,但必须保证有 3/4 的截面焊在球上,并以加肋板加强。

3 受力大的杆件,可按图 6.2.27-1 设置加劲肋板,或按图 6.2.27-2 增设支托板。

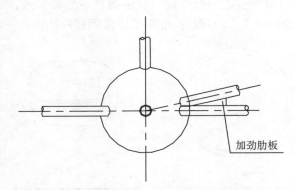

图 6.2.27-1 汇交叉杆件连接示意图

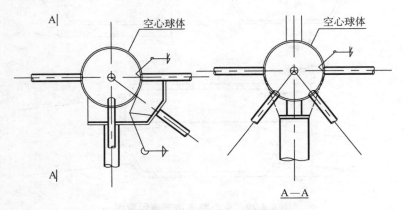

图 6.2.27-2 增设支托板示意图

6.2.28 当空心球外径大于等于 300 mm 且杆件内力较大时,可在内力较大杆件的轴线平面内设加劲环肋;当空心球外径大于等于 400 mm 且内力较大、杆件为压力时,宜在压力较大杆件的轴线平面内设加劲环肋;当空心球外径大于等于 500 mm 时,必须在压力较大杆件的轴线平面内设加劲环肋。环肋的厚度不应小于球壁的厚度。

6.2.29 由两个空心半鼓焊接而成的焊接空心鼓节点,可分为不加肋和加肋(图 6.2.29)两种,可用于连接钢管杆件。

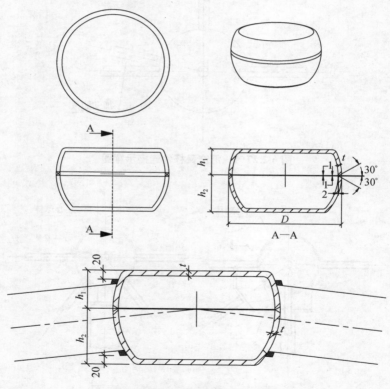

图 6.2.29 空心鼓连接节点示意图

6.2.30 焊接空心鼓节点的构造应符合下列要求：

1 空心鼓外径应大于连接杆件外径，壁厚不应小于连接杆件壁厚，在连接杆件与空心鼓连接处不得将连接杆件穿入空心鼓筒内。

2 杆件重心线在节点处，宜汇交于一点，否则应考虑其偏心影响。

3 杆件与空心鼓的连接焊缝，应沿全周连续焊接并平滑过渡。

6.2.31 杆件、空心鼓的连接沿全周可采用角焊缝或部分熔透的角焊缝。角焊缝的焊脚尺寸应符合本标准第 6.2.25 条的要求。

6.2.32 空心鼓壁厚应根据杆件内力确定，但应不小于 6 mm。空心鼓直径与空心鼓壁厚之比应不大于 35。空心鼓外径与主钢管外径之比宜取 2.4～3.0；主钢管的壁厚宜取空心鼓壁厚的 1/2～1/1.5。

6.2.33 在确定空心鼓尺寸时，空心鼓节点上相连接杆件之间的缝隙 a 不宜小于相连接杆件壁厚之和。

6.2.34 当空心鼓尺寸过大且连接杆件又较多时，可允许杆件相汇交，但必须满足以下构造要求：

1 汇交杆件的交点必须通过节点中心。

2 汇交两杆中，截面积大的杆件必须焊在空心鼓上（当两杆截面积相等时，取受拉杆），另一杆坡口焊在相汇交杆件上，但必须保证有 3/4 的截面焊在空心鼓上。

6.2.35 当空心鼓较大，且杆件较大需要提高承载力时，空心鼓内可加肋板，其厚度不应小于所加强的空心鼓壁厚。内力较大的杆件应位于肋板平面内。

6.2.36 相贯节点连接构造及要求应符合现行国家标准《钢结构设计标准》GB 50017 和《钢结构焊接规范》GB 50661 的规定。

6.2.37 铸钢节点宜用于杆件汇交密集、受力复杂且可靠性要求高的关键部位节点。

6.2.38 铸钢节点的构造设计除应符合节点的构造要求及传力外，应符合铸造工艺的条件和要求。

6.2.39 铸钢节点中应避免导致应力集中的形状和构造。

6.2.40 铸钢节点中非实心部分最大壁厚与最小壁厚之比不宜大于 3，且最小壁厚宜大于 10 mm，变截面处宜平滑过渡。

6.2.41 铸钢节点在设计时应考虑到清砂的要求，应避免出现阴角或死角。

6.2.42 铸钢节点与钢构件连接处应进行机械加工，应使铸钢件的精度达到满足连接的要求。

6.2.43 铸钢节点与钢构件连接处壁厚应满足材料等强和焊接要求。

6.2.44 索杆连接节点可分为索与索的连接节点、索与索通过夹具的连接节点、索与桅杆节点、支座节点及其他刚性结构通过单向铰连接的节点。索杆连接节点应保证其承载能力不小于杆件和拉索承载力的较大值。

6.2.45 拉索节点可分为叉耳式、单耳式、双螺杆式和锚杯式。拉索节点可采用本标准附录 A.0.1 所示构造。

6.2.46 拉索锚具的锚固方式可采用冷铸锚固、热铸锚固和压制锚固。拉索锚具可采用本标准附录 A.0.2 所示构造。

6.2.47 拉索夹具的常用形式可分为单索夹具、交叉索夹具、环索夹具。可采用本标准附录 A.0.3 所示构造。还可采用其他夹具形式，如夹三层索的压板式夹具、骑马式夹具、带 U 形环夹具、连体压板夹具、带转向轮夹具和拳握式夹具。

6.2.48 索头可采用本标准附录 A.0.4 所示连接形式；索与桅杆的连接可采用本标准附录 A.0.5 所示构造；索与支承结构或受拉（压）环的连接可采用本标准附录 A.0.6 所示构造；索与钢梁的连接可采用本标准附录 A.0.7 所示构造；拉索索体与夹具的连接可采用本标准附录 A.0.8 所示构造；索与地锚的连接可采用本标准附录 A.0.9 所示构造。

6.2.49 销轴应进行抗弯、抗剪验算以及变形验算。

6.2.50 销孔的尺寸宜比销轴尺寸大 1 mm～2 mm。

6.2.51 高强度钢棒组件可由棒、叉耳接头、单耳接头、固定式连接套、可调式连接套、锁紧套等几部分组成(图 6.2.51)。

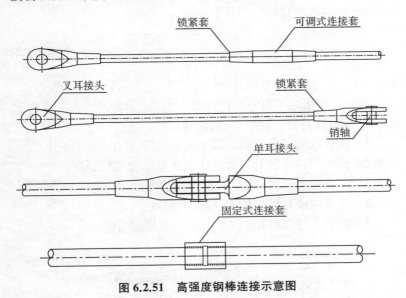

图 6.2.51　高强度钢棒连接示意图

6.2.52 高强度钢棒的连接节点可分为叉耳式、单耳式和螺纹式。高强度钢棒节点可采用本标准附录 A.0.1 所示构造。

6.2.53 高强度钢棒的规格、尺寸可按现行国家标准《钢拉杆》GB/T 20934 的规定选用。

6.3　节点计算

6.3.1 索的内力设计值应满足下式:

$$P^s \leqslant \frac{P_b^s}{\gamma^s} \tag{6.3.1}$$

式中：P^s ——索的内力设计值；

　　　P_b^s ——索破断拉力；

　　　γ^s ——索材料的抗力系数，取 2.0。

6.3.2 设计锚具时，应采用索的破断力作为作用在锚具上的荷载，索结构锚具的计算应满足下式：

$$\sigma_j \leqslant \frac{\sigma_b}{1.2} \qquad (6.3.2)$$

式中：σ_j ——索结构中锚具的计算应力；

　　　σ_b ——锚具材料的抗拉强度。

6.3.3 设计锚具时，应验算下列内容：

　1 锚具端部耳环应验算图 6.3.3-1 所示 A—A、B—B、C—C 截面的强度、销轴连接处耳板挤压强度和销轴剪切强度。

　2 锚具应验算图 6.3.3-2 所示螺纹强度。

　3 锚具应验算锚杯长度、壁厚和坡度。

　4 调节套筒应验算图 6.3.3-3 中的截面强度。

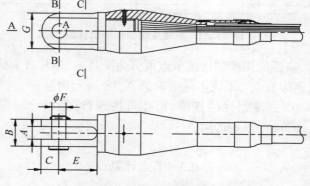

图 6.3.3-1　锚具端部耳环示意图

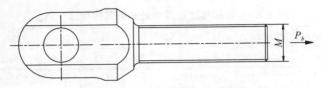

图 6.3.3-2 锚具螺纹示意图

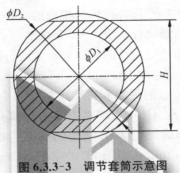

图 6.3.3-3 调节套筒示意图

6.3.4 螺栓球节点的高强度螺栓的性能等级宜按其规格选用。M12~M36 高强度螺栓的强度等级可选用 10.9 级;M39~M64 高强度螺栓度等级可选用9.8 级。

6.3.5 螺栓球节点的单个高强度螺栓的受拉承载力设计值可按下式计算:

$$N_t^b \leqslant A_{eff} f_t^b \qquad (6.3.5)$$

式中:N_t^b ——高强度螺栓的拉力设计值(N)。

f_t^b ——高强度螺栓经热处理后的抗拉强度设计值;对 10.9 级,取为 430 N/mm²;对 9.8 级,取为 385 N/mm²。

A_{eff} ——高强度螺栓的有效截面面积(mm²),可按表 6.3.5 选取。当螺栓上钻有销孔或键槽时,A_{eff} 应取螺纹处或销孔键槽处二者中的较小值。

表 6.3.5　常用螺栓在螺纹处的有效截面面积 A_{eff}

d(mm)	M12	M14	M16	M18	M20	M22	M24	M27	M30	M33
A_{eff}(mm^2)	84.3	115	157	192	245	303	353	459	561	694
d(mm)	M36	M39	M42	M45	M48	M52	M56×4	M60×4	M64×4	
A_{eff}(mm^2)	817	976	1 120	1 310	1 470	1 760	2 144	2 485	2 851	

6.3.6　螺栓球节点的受压杆件连接螺栓的直径,可按其内力设计值绝对值所求得的螺栓直径按表 6.3.5 减小 1 个～3 个级差选用。

6.3.7　钢板连接节点处板件的计算应符合现行国家标准《钢结构设计标准》GB 50017 的规定。

6.3.8　钢板连接节点的焊缝和螺栓连接计算应符合现行国家标准《钢结构设计标准》GB 50017 的规定。计算焊缝时,应考虑施工实际对部分难以确保质量的焊缝的强度进行适当的折减。

6.3.9　直径为 120 mm～900 mm 的空心球节点,其受压和受拉承载力设计值应按下式计算:

$$N_{sd} = \left(0.29 + 0.54\frac{d}{D}\right)\eta_d \pi t d f \qquad (6.3.9)$$

式中:N_{sd}——受压空心球的轴向受压或受拉承载力设计值(N);

d——与空心球相连的主钢管杆件的外径(mm);

D——空心球外径(mm);

t——空心球壁厚(mm);

f——钢材抗压或抗拉强度设计值;

η_d——空心球节点承载力调整系数,当空心球直径 ≤500 mm 时,取 1.0;当空心球直径 >500 mm 时,取 0.9。

6.3.10　用于单层网壳结构承受拉弯或压弯的空心球节点时,其承载力设计值可按式(6.3.9)计算后再乘以 0.8。

6.3.11　空心鼓节点的杆件与空心鼓的连接焊缝可视为全周角焊缝,其强度应按下式计算:

$$\sigma_f = \frac{N}{h_e l_w} \leqslant f_f^w \qquad (6.3.11\text{-}1)$$

式中：σ_f——按焊缝有效截面（$h_e l_w$）计算，垂直于焊缝长度方向的应力（N/mm²）；

$\quad\quad N$——轴心拉力或轴心压力（N）；

$\quad\quad h_e$——角焊缝的有效厚度（mm），对直角角焊缝等于 $0.7h_f$，h_f 为较小焊脚尺寸；

$\quad\quad l_w$——焊缝计算长度（mm）；

$\quad\quad f_f^w$——角焊缝的强度设计值（N/mm²）。

焊缝的计算长度（杆件相交线长度）可按下式计算：

当　　$\dfrac{d_s}{d} \leqslant 0.65$ 时　　$l_w = (3.25d_s - 0.025d)$　$(6.3.11\text{-}2)$

当　　$\dfrac{d_s}{d} > 0.65$ 时　　$l_w = (3.81d_s - 0.389d)$　$(6.3.11\text{-}3)$

式中：d，d_s——空心鼓和杆件的外径。

6.3.12　空心鼓节点的抗压或抗拉承载力应按下式计算：

$$N = \left(0.46 + 0.02\,\frac{D}{2H_1}\right) \cdot \left(0.32 + 0.6\,\frac{d}{D}\right) \cdot \eta_d \eta_m \pi t d f$$

$$(6.3.12)$$

式中：D——空心鼓的球直径（mm）；

$\quad\quad d$——与鼓节点相连的主钢管外径（mm）；

$\quad\quad t$——空心鼓的球壁厚（mm）；

$\quad\quad H_1$——鼓节点的上半鼓高度；

$\quad\quad f$——钢材的抗拉强度设计值（N/mm²）；

$\quad\quad \eta_d$——加肋承载力提高系数，受压空心球加肋采用 1.4，受拉空心球加肋采用 1.1，不加肋时采用 1.0；

$\quad\quad \eta_m$——考虑节点受压弯或拉弯作用的影响系数，可采用 0.8。

6.3.13 相贯节点的计算应符合现行国家标准《钢结构设计标准》GB 50017 的规定。

6.3.14 相贯节点的形式不符合现行国家标准《钢结构设计标准》GB 50017 的规定时,应进行有限元分析,并宜进行试验研究。

6.3.15 铸钢节点应采用有限单元法分析其强度和变形。采用有限单元法分析时,宜选用实体单元,并宜考虑材料非线性采用理想弹塑性模型假定。

6.3.16 铸钢节点的有限元分析应根据节点的具体约束形式确定与实际情况相符的边界条件。

6.3.17 当采用理想弹塑性模型假定时,可根据节点的复杂性分别确定节点中最不利截面的 1/3 进入塑性或 1/2 进入塑性或全截面进入塑性时的荷载作为破坏荷载,得出相应破坏应力、应变。复杂应力状态下的屈服准则可采用米塞斯(Von Mises)屈服准则。

6.3.18 铸钢节点的承载力设计值不应大于采用有限单元法分析确定的铸钢节点的极限承载力的 1/3。

6.3.19 对结构安全有重要影响的铸钢节点或受力复杂的铸钢节点,宜进行节点试验。

7 结构的防火、隔热与防腐蚀

7.1 防火、隔热

7.1.1 空间格构结构应根据建筑物的耐火等级确定燃烧性能与耐火极限,并应根据现行国家标准《建筑钢结构防火技术规范》GB 51249 进行防火计算。

7.1.2 防火涂层在规定的耐火时限内应与空间格构结构构件保持良好的结合。防火涂层应与构件的防腐蚀涂装有良好的相容性。

7.1.3 当空间格构结构的表面长期受辐射热达 150℃以上时,应加隔热层或采用其他有效的防护措施。

7.2 防腐蚀

7.2.1 空间格构结构应根据环境条件、材料、结构形式和使用要求进行防腐蚀设计。

7.2.2 大气环境对空间格构结构长期作用下的腐蚀性等级可按表 7.2.2 的规定确定。

表 7.2.2 大气环境对建筑钢结构长期作用下的腐蚀性等级

腐蚀类型		腐蚀速率 (mm/a)	腐蚀环境		
腐蚀性等级	名称		大气环境 气体类型	年平均环境 相对湿度(%)	大气环境
I	无腐蚀	<0.001	A	<60	乡村大气

腐蚀类型		腐蚀速率（mm/a）	腐蚀环境		
腐蚀性等级	名称		大气环境气体类型	年平均环境相对湿度（%）	大气环境
Ⅱ	弱腐蚀	0.001～0.025	A	60～75	乡村大气
			B	＜60	城市大气
Ⅲ	轻腐蚀	0.025～0.05	A	＞75	乡村大气
			B	60～75	城市大气
			C	＜60	工业大气
Ⅳ	中腐蚀	0.05～0.2	B	＞75	城市大气
			C	60～75	工业大气
			D	＜60	海洋大气
Ⅴ	较强腐蚀	0.2～1.0	C	＞75	工业大气
			D	60～75	海洋大气
Ⅵ	强腐蚀	1.0～5.0	D	＞75	海洋大气

注：1 在特殊场合与额外腐蚀负荷作用下，应将腐蚀类型提高等级。

    2 处于潮湿状态或不可避免结露的部位，环境相对湿度应取大于75%。

    3 大气环境气体类型可根据现行行业标准《建筑钢结构防腐蚀技术规程》JGJ/T 251附录A进行划分。

7.2.3 空间格构结构防腐蚀要求应符合现行行业标准《建筑钢结构防腐技术规程》JGJ/T 251的规定。

7.2.4 空间格构结构的防腐蚀设计应便于进行防锈处理。

7.2.5 空间格构结构的防腐蚀可根据具体条件采用涂刷防腐涂料、金属喷涂或热浸或其他有效的防腐措施。

7.2.6 空间格构结构在进行涂装或喷涂前，应对构件表面进行处理，经处理的基材表面应达到涂装或喷涂所需的相应质量标准。

7.2.7 手工除锈的质量标准应符合表7.2.7-1的规定；喷砂（抛丸）除锈的质量标准应符合表7.2.7-2的规定。

表 7.2.7-1　手工除锈质量分级

级别	钢材除锈表面状态
St_2	彻底用铲刀铲刮，用钢丝刷子刷擦，用机械刷子擦和用砂轮研磨等。除去疏松的氧化皮、锈和污物，最后用清洁干燥的压缩空气或干净的刷子清理表面，这时表面应具有淡淡的金属光泽
St_3	非常彻底地用铲刀铲刮，用钢丝刷子擦，用机械刷子和用砂轮研磨等。表面除锈要求与 St_2 相同，但更为彻底。除去灰尘后，该表面应具有明显的金属光泽

注：采用砂轮研磨时，钢材表面不得出现砂轮研磨痕迹。

表 7.2.7-2　喷砂(抛丸)除锈质量分级

级别	钢材除锈表面状态
Sa_1	轻度喷射除锈，应除去疏松的氧化皮、锈及污物
Sa_2	彻底地喷除锈，应除去几乎所有的氧化皮、锈及污物，最后用清洁干燥的压缩空气或干净的刷子清理表面，这时该表面应稍呈灰色
$Sa_2\frac{1}{2}$	非常彻底地喷射除锈、氧化皮、锈及污物，应清除到仅剩有轻微的点状或条状痕迹的程度，但更为彻底。除去灰尘后，该表面应具明显的金属光泽。最后表面用清洁干燥的压缩空气或干净的刷子清理
Sa_3	喷射除锈到出白，应完全除去氧化皮、锈及污物，最后表面用清洁干燥的压缩空气或干净的刷子清理，该表面应具有均匀的金属光泽

7.2.8　不同涂料表面的最低除锈等级应符合表 7.2.8 的规定。

表 7.2.8　不同涂料表面最低除锈等级

项目	最低除锈等级
富锌底涂料	$Sa_2\frac{1}{2}$
乙烯磷化底涂料	
环氧或乙烯基酯玻璃鳞片底涂料	Sa_2
氯化橡胶、聚氨酯、环氧、聚氯乙烯萤丹、高氯化聚乙烯、氯磺化聚乙烯、醇酸、丙烯酸环氧、丙烯酸聚氨酯等底涂料	Sa_2 或 St_3
环氧沥青、聚氨酯沥青底涂料	St_2
喷铝及其合金	Sa_3

项目	最低除锈等级
喷锌及其合金	$Sa_2\frac{1}{2}$

注: 1 新建工程重要构件的除锈等级不应低于 $Sa_2\frac{1}{2}$;

    2 喷射或抛射除锈后的表面粗糙度宜为 $40~\mu m \sim 75~\mu m$,且不应大于涂层厚度的1/3。

7.2.9 防腐涂装可由底漆和面漆组成,配套要求宜符合表7.2.9的规定。

表 7.2.9 防腐涂装由底漆和面漆组成、配套要求

底漆	面漆
一般铁红、环氧铁红	油性漆、醇酸、脂胶、酚醛、氯化橡胶
环氧富锌	醇酸、酚醛、氯化橡胶、环氧、聚氨酯
水溶性无机锌醇溶性	环氧、聚氨酯

7.2.10 防腐蚀保护涂层厚度应符合设计要求,最小厚度应符合表 7.2.10 的规定。

表 7.2.10 防腐蚀保护涂层最小厚度

防腐蚀保护层设计使用年限(a)	钢结构防腐蚀保护层最小厚度(μm)				
	腐蚀性等级 Ⅱ级	腐蚀性等级 Ⅲ级	腐蚀性等级 Ⅳ级	腐蚀性等级 Ⅴ级	腐蚀性等级 Ⅵ级
$2 \leqslant t_1 < 5$	120	140	160	180	200
$5 \leqslant t_1 < 10$	160	180	200	220	240
$10 \leqslant t_1 < 15$	200	220	240	260	280

注:1 防腐蚀保护层厚度包括涂料层的厚度或金属层与涂料层复合层的厚度。

    2 室外工程的涂层厚度宜增加 $20~\mu m \sim 40~\mu m$。

7.2.11 金属喷涂可采用喷锌、喷铝、铝镁合金或锌铝合金,也可进行热喷涂。金属热喷涂系统最小局部厚度可按表 7.2.11 选用。

表 7.2.11 金属热喷涂系统最小局部厚度

防腐蚀保护层设计使用年限（a）	金属热喷涂系统	最小局部厚度（μm）		
		腐蚀等级Ⅳ级	腐蚀等级Ⅴ级	腐蚀等级Ⅵ级
5≤t_1<10	喷锌＋封闭	120＋30	150＋30	200＋60
	喷铝＋封闭	120＋30	120＋30	150＋60
	喷锌＋封闭＋涂装	120＋30＋100	150＋30＋100	200＋30＋100
	喷铝＋封闭＋涂装	120＋30＋100	120＋30＋100	150＋30＋100
10≤t_1<15	喷铝＋封闭	120＋60	150＋60	250＋60
	喷 Ac 铝＋封闭	120＋60	150＋60	200＋60
	喷铝＋封闭＋涂装	120＋30＋100	150＋30＋100	250＋30＋100
	喷 Ac 铝＋封闭＋涂装	120＋30＋100	150＋30＋100	200＋30＋100

注：腐蚀严重和维护困难的部位应增加金属涂层的厚度。

7.2.12 空间格构结构的构件在下料加工前宜进行预处理、喷涂防腐底漆。对于采取防火保护的构件，可以不做防腐面漆。

7.2.13 现场施焊后，必须进行表面清理并达到涂装要求。

7.2.14 螺栓球节点网架结构在组装完成后，应对套筒与节点球及锥头之间的缝隙进行嵌缝与补漆封闭。

7.2.15 索的防腐可采用镀锌钢丝或铝锌镀层，对平行钢丝索可采用塑料护套。

8 空间格构结构的制作

8.1 一般规定

8.1.1 空间格构结构的零部件和构件的制作厂商应具备合格和稳定的工艺技术条件。在加工制作中采用的新工艺应进行工艺技术评定。

8.1.2 对于复杂的空间格构结构宜进行深化设计,并应对节点进行力学分析,制作前应根据深化设计进行加工工艺设计。

8.1.3 空间格构结构的零部件和构件制作应具备并执行下列技术文件:

    1 根据格构结构设计文件编制的施工详图和技术要求。

    2 零部件和构件制作的工艺流程(如锻造工艺、焊接工艺、下料工艺、机械加工工艺、检验指导书等)。

    3 焊接工艺指导书和焊接工艺评定报告。

8.1.4 零部件和构件加工制作过程中,应对零部件的毛坯、半成品及成品的内在质量和外观质量进行检测。检测不合格的零部件不得进入下一工艺过程。加工完成后应形成工艺过程检测记录或报告。

8.1.5 被检测零部件和构件的尺寸和位置应在所选择的量具范围内;丈量尺寸时,不应分段测量后相加累计全长。

8.1.6 碳素结构钢在环境温度低于−20℃时,低合金结构钢在环境温度低于−15℃时,不得剪切和冲孔。

8.1.7 切割前应将钢材表面距切割边缘约 50 mm 范围内的铁锈、油污等清除干净。对高强度大厚度钢板的切割,应按工艺要求进行预热。切割后断口上不得有裂纹,并应清除边缘的熔瘤和飞溅物。切割后钢材不得有分层。

8.1.8 制造过程中应对杆件和节点的编号和方向进行有效标识。

8.2 材料检测

8.2.1 格构结构所用材料材质必须在加工前检查质量证明和合格证,并应按设计要求或有关规范规定进行检测。

8.2.2 钢管、钢板、型材的表面质量应全部经目测检查,内外上下表面不得有裂缝、折叠、轧折、气泡、离层、发纹和结疤等缺陷;钢材表面的锈蚀、麻点、划伤、压痕必须完全清除,清除后钢管厚度减薄量不得大于壁厚的负偏差值,钢板厚度减薄量不得大于板厚的负偏差值之一半。

8.2.3 格构结构焊接常用的连接材料按现行国家标准《钢结构焊接规范》GB 50661 的规定选用,高强度螺栓连接材料按现行行业标准《钢结构高强度螺栓连接技术规程》JGJ 82 的规定选用,所用的材料应附有合格的"产品质量保证书",并应符合设计文件和国家标准的要求。

8.3 下料和矫正

8.3.1 切割下料应符合现行国家标准《钢结构工程施工规范》GB 50755 的要求。

8.3.2 矫正应符合现行国家标准《钢结构工程施工规范》GB 50755 的要求。

8.4 螺栓球节点网架的制作

8.4.1 杆件可由钢管与锥头或封板(锥头或封板内装高强度螺栓)组成,杆件及其成品尺寸允许偏差及检查方法应符合表 8.4.1 的规定,或按设计图纸的规定,其参数含义见图 8.4.1。

表 8.4.1　杆件成品尺寸允许偏差

项次	项　目	允许偏差（mm）	抽取样本数量	检查方法
1	杆件成品长度	±1.0	5%	用钢卷尺[经钢卷尺检定架(仪)鉴定]检查
2	杆件轴线平直度	$L/1\,000$，且≯5	5%	用平台、塞尺检查
3	锥头、封板端面与钢管轴线的垂直度	0.5%r	5%	用芯轴、V型块百分表检查
4	锥头、封板孔同轴度	$\phi1.0$	5%	用芯轴、V型块百分表检查

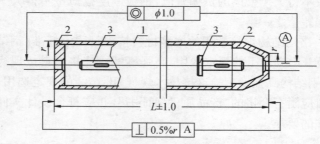

1—钢管；2—锥头或封板；3—高强螺栓

图 8.4.1　杆件及其成品尺寸允许偏差

8.4.2　杆件的制作应按下述工艺过程进行:采购钢管→检验材质、规格、表面质量→下料、开坡口→与锥头或封板组装点焊→焊接→检验→防腐前处理→防腐处理。

8.4.3　钢管与锥头或封板的组装焊缝尺寸、开坡口角度应符合图 6.2.15-1、图 6.2.15-2 和表 8.4.3 的规定。

表 8.4.3　钢管与锥头或封板的组装焊缝尺寸、开坡口角度

管壁厚 δ(mm)	坡口根部间隙(mm)	锥头或封板开坡口角度 α	钢管开坡口角度 β
≤4	2.0	50°+5°	0°
>4	3.0	30°+5°	30°+5°

8.4.4 杆件的连接焊缝应符合设计要求。当设计无要求时,应按全溶透对接焊施焊,焊缝等级应达到二级。

8.4.5 杆件连接焊缝宜采用二氧化碳气体保护焊或手工电弧焊。

8.4.6 焊接材料应按现行国家标准《钢结构工程施工规范》GB 50755 的规定选用与钢管力学性能相适应的电焊条或钢焊丝。

8.4.7 杆件施焊应按现行国家标准《钢结构工程施工质量验收标准》GB 50205 和《钢结构焊接规范》GB 50661 的规定执行,并应符合下列要求:

　　1 多层焊接应连续施焊,其中每一道(层)焊缝完工后应及时清理,发现焊接缺陷后,必须清除后再焊。

　　2 同一处的返修不得超过 2 次。

8.4.8 焊接工艺试验应按现行国家标准《钢结构焊接规范》GB 50661的规定执行,并应制定《焊接工艺指导书》和《工艺评定报告》。

8.4.9 杆件连接焊缝质量应按设计要求进行检验,应符合表 8.4.9 的规定,且应符合下列规定:

表 8.4.9　焊缝质量检验

级别	检验项目	检查数量	检查方法
二	外观检验	全部	检查外观缺陷和几何尺寸
	超声波无损检查	每种杆件各抽查 5%,且不少于 5 件	有疑点时,用 X 射线透照复验;如发现有超标缺陷,应用超声波全部检查

　　1 碳素结构钢的焊缝质量检验宜在焊缝冷却到工作地点温度以后进行,低合金结构钢宜在完成焊接 24 h 后进行。

　　2 外观检查应包括:焊缝金属表面焊波均匀,不允许有裂纹、弧坑裂纹、电弧擦伤、焊瘤、表面夹渣、表面气孔缺陷,焊接区不得有飞溅物,咬边深度小于 $0.05t$(t 为管壁厚)且小于等于 0.5 mm,累计总长度不得超过焊缝长度的 10%。焊缝对接外形尺寸允许偏差应符合现行国家标准《钢结构工程施工质量验收标准》GB 50205 的规定。

3 超声波无损检验应按现行国家标准《钢结构工程施工质量验收标准》GB 50205 的规定进行,焊缝内部缺陷超声波探伤评定等级应为Ⅲ级,检验等级应为 B 级。每个焊缝超声波检验点都应有明显的识别标识,应在焊缝边缘母材上打检测编号钢印。

8.4.10 每根成品杆件在锥头、封板或钢管端部应有杆件号、焊工号、超声波检测号等钢印及企业商标标记。

8.4.11 防腐前处理应根据设计要求进行,杆件的防腐前处理宜用机械除锈(喷砂、抛丸处理)等方法。

8.4.12 防腐处理应根据设计文件的防腐要求进行。

8.4.13 球坯用压力加工的钢条(钢锭)或用机械加工的圆钢锻造的黑皮锻件,应经正火处理,且应符合下列规定:

1 锻造球坯应采用胎模锻,下料宜用锯床或热剁,坯料相对高度 H/D 可为 2~2.5,禁用气割。

2 煅烧设备宜用反射炉或高温电阻箱式炉,锻造温度宜在最高温度 1 150℃～1 200℃下保温,使温度均匀,终锻温度可在800℃～850℃。

3 锻造设备可采用空气锤或机械压力机,按球坯大小可取用相应的设备规格。

4 球坯允许偏差应符合现行国家标准《钢结构工程施工规范》GB 50755 的规定。

8.4.14 螺纹孔及平面加工应按铣平面→钻螺纹底孔→倒角→丝锥攻螺纹(钻孔、攻螺纹使用合适的切削液)工艺过程进行,且应符合下列规定:

1 加工螺纹孔及平面设备宜使用加工中心机床或采用车、钻、镗、铣床配以专用工装,所用的专用工装,其转角误差不得大于 10′(图 8.4.14-1)。

2 螺纹孔及平面宜采用一次装夹加工;采用分工序加工时,必须有可靠的技术措施。

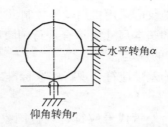

图 8.4.14-1　螺纹孔加工用专用工装转角示意图

3　设计图规定的削平面数值不宜用于测量,而应保证球中心至球平面距离(图 8.4.14-2 中 *a*)尺寸精度。

4　螺栓球的几何尺寸允许偏差应符合现行国家标准《钢结构工程施工规范》GB 50755 和图 8.4.14-2、图 8.4.14-3 的规定。

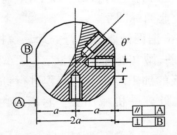

图 8.4.14-2　螺栓球几何尺寸允许偏差

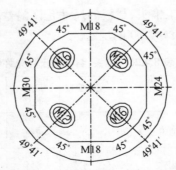

图 8.4.14-3　螺栓球的螺纹孔位置以及球坐标系表达

5 螺纹孔的螺纹应采用机用丝锥攻制。

6 螺纹牙型和基本尺寸应符合现行国家标准《普通螺纹 基本尺寸》GB/T 196 的规定。

7 螺纹选用公差带应符合现行国家标准《普通螺纹 公差》GB/T 197 的规定的 6H。

8 选用丝锥公差带代号应符合现行国家标准《丝锥螺纹公差》GB/T 968 中的 H4 级。

8.4.15 螺纹孔的抗拉强度检验应选成品球的最大螺纹与高强度螺栓连接进行抗拉强度试验,高强度螺栓拧入深度应为 $1.1d$(d 为螺纹孔的公称直径),试验应在拉力试验机上进行,螺栓达到承载力时,螺纹应不损坏。

8.4.16 螺栓球印记可打在基准孔平面上,应有球号、螺纹孔加工工号以及清晰的企业商标凹字。

8.4.17 防腐前应根据设计要求进行处理。螺栓球防腐前处理宜采用机械除锈(喷砂、抛丸处理)等方法。

8.4.18 锥头、封板的加工应按下述流程进行:成品钢材下料→胎模锻造毛坯→正火处理→机械加工。封板可由钢板下料→正火处理→机械加工。

8.4.19 锥头、封板的材质应与相配钢管材质一致;毛坯锻造工艺可与本标准第 8.4.13 条相同。

8.4.20 机械加工锥头、封板的尺寸允许偏差应符合图 8.4.20-1、图 8.4.20-2 和表 8.4.20 的规定。

表 8.4.20 锥头、封板的尺寸允许偏差

序号	项 目	允许偏差(mm)	抽取样本数量	检查方法
1	孔径 d	+0.5 0.0	5%	用游标卡尺检查
2	底板厚	+0.5 −0.2	5%	用游标卡尺检查

续表8.4.20

序号	项 目	允许偏差 (mm)	抽取样本 数量	检查方法
3	底板面平面平行度	0.1	5%	用芯轴、百分表及表架检查
4	锥头、封板孔 d 与钢管安装台阶(外圆面 D)的同轴度	φ0.2	5%	用芯轴、百分表及表架、V 型块检查

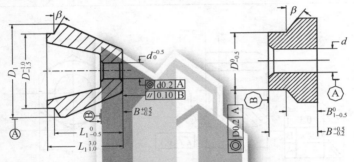

图 8.4.20-1　锥头尺寸允许偏差　　图 8.4.20-2　封板尺寸允许偏差

8.4.21　锥头外圆面及端面允许存在不大于圆周面的 1/6 的局部黑皮。

8.4.22　套筒制造应按下述流程进行:成品钢材下料→胎模锻造毛坯→正火处理→机械加工→防腐前处理。

8.4.23　套筒毛坯锻造可采用与本标准第 8.4.13 条相同的工艺。

8.4.24　套筒的机械加工尺寸允许偏差应符合图 8.4.24 和表 8.4.24 的规定。

表 8.4.24　套筒尺寸允许偏差

序号	项 目	允许偏差 (mm)	抽取样本数量	检查方法
1	内孔 d 与六方外接圆同轴度	0.5	5%,且不少于 10 只	用游标卡尺检查

序号	项目	允许偏差（mm）	抽取样本数量	检查方法
2	长度 L	±0.2	5%,且不少于10只	用游标卡尺检查
3	两端面与轴线的垂直度	0.5%r	5%,且不少于10只	用芯轴、百分表及表架检查
4	两端平行度	0.3	5%,且不少于10只	用游标卡尺检查

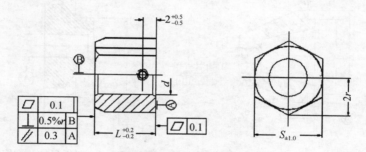

图 8.4.24 套筒尺寸允许偏差

8.4.25 支座的肋板与底板允许偏差应符合现行国家标准《热轧钢板和钢带的尺寸、外形、重量及允许偏差》GB/T 709 的规定。

8.4.26 支座成品尺寸允许偏差应符合图 8.4.26 的规定。

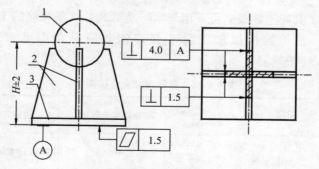

图 8.4.26 支座成品尺寸允许偏差

8.4.27 十字接头角焊缝焊接工艺应符合现行国家标准《气焊、焊条电弧焊、气体保护焊和高能束焊的推荐坡口》GB/T 985.1 和《钢结构焊接规范》GB 50661 的规定。角焊缝外形尺寸允许偏差应符合现行国家标准《钢结构工程施工质量验收标准》GB 50205 的规定。

8.4.28 肋板与底板、肋板与肋板连接焊缝可采用手工电弧焊,应选用现行国家标准《非合金钢及细晶粒钢焊条》GB/T 5117 规定的与肋板材料力学性能相应的电焊条。

8.4.29 肋板与球的焊接可采用手工电弧焊,宜选用符合现行国家标准《非合金钢及细晶粒钢焊条》GB/T 5117 规定的 E43 系列和《热强钢焊条》GB/T 5118 规定的低氢型 E5015、E5016 电焊条。肋板与球焊接可采用如下工艺:

1 预热:球预热温度 150℃～250℃。

2 点焊:使用胎具组合、点焊。

3 施焊:第一层焊缝宜采用小直径电焊条、小电流、慢速度焊接。施焊前焊条应烘干,烘干温度为 400℃,烘干时间为 2 h。

4 焊缝保温缓冷(接头处温度维持在比规定预热温度稍高一些的温度下保温)。如有条件,可进行整体消除应力回火处理。

8.4.30 支托成品的尺寸允许偏差应符合图 8.4.30 的规定。钢管两端面直线切削加工,其平行度误差应不大于 0.05。

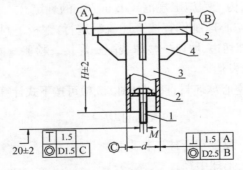

图 8.4.30　支托成品的尺寸允许偏差

8.4.31 支托组装焊接可采用 T 字形双面角焊缝。连接焊缝可采用手工电弧焊。角焊缝外形尺寸允许偏差应符合现行国家标准《钢结构工程施工质量验收标准》GB 50205 的规定。

8.4.32 高强度螺栓的尺寸允许偏差应符合现行国家标准《钢网架螺栓球节点用高强度螺栓》GB/T 16939 的规定。

8.5 焊接空心球、板、空心鼓节点格构结构的制作和拼装

8.5.1 焊接格构结构的制作宜按下述流程进行:材料复验入库、施工图设计、焊接工艺评定→编制工艺文件、胎(模)具准备→钢材矫正→放样、号料→节点加工、杆件加工→组装、焊接→检验→除锈、涂装→检验→包装、入库。

8.5.2 放样和样板(样杆)的允许偏差应符合现行国家标准《钢结构工程施工规范》GB 50755 的规定。

8.5.3 钢管杆件宜用管子车床或数控相贯线切割机下料,下料时应预放加工余量和焊接收缩量,焊接收缩量可由工艺试验确定。钢管杆件加工的允许偏差应符合现行国家标准《钢结构工程施工规范》GB 50755 的规定。

8.5.4 采用气割和机械剪切下料的允许偏差应分别符合现行国家标准《钢结构工程施工规范》GB 50755 的规定。

8.5.5 焊接空心球制作宜按下述流程进行:钢板下料→加热→半球压制→半球切边、坡口→整球装配→焊接→检验→除锈、涂装→检验→包装、发运。

8.5.6 焊接空心球坯料直径 D(图 8.5.6)可按下式计算:

$$D = 1.414d + c \tag{8.5.6}$$

式中:D—— 焊接空心球坯料直径;

d—— 半球中径;

c—— 加工坡口余量。

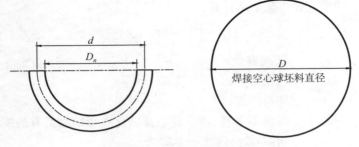

图 8.5.6　焊接空心球坯料直径

8.5.7　焊接空心球的半球可由圆形坯料钢板经加热压制而成。圆形坯料钢板宜采用半自动气割机或数控切割机下料,下料后的坯料直径允许偏差宜为+2.0 mm。

8.5.8　半球压制时,应严格控制模具尺寸、加热温度和压力值。坯料钢板在加热炉内加热时,对碳素结构钢和低合金高强度结构钢的加热温度应控制在 1 000℃～1 100℃,压制过程中温度下降到 700℃(碳素结构钢)和 800℃(低合金高强度结构钢)之前,应结束加工,且低合金高强度结构钢严禁用水冷却。

8.5.9　半球的成型模具可分凸模(上模)和凹模(下模)两部分。确定凸模尺寸时,应以半球的内径为基准,并应考虑一定的收缩量和回弹变形量。凸模直径可按下式计算:

$$D_1 = D_n(1+\delta) \qquad (8.5.9\text{-}1)$$

式中:D_1——凸模直径;

　　　D_n——半球内径,见图 8.5.6;

　　　δ——热压收缩率,可按表 8.5.9 取值。

表 8.5.9　热压收缩率

钢球直径(mm)	200～400	500～600	700～800	800 以上
δ(%)	0.4～0.5	0.5～0.6	0.6～0.7	0.7～0.8

凹模直径可按下式计算：

$$D_2 = D_1 + 2t + Z \qquad (8.5.9\text{-}2)$$

式中：D_2——凹模直径；

$\quad D_1$——凸模直径；

$\quad t$——坯料厚度；

$\quad Z$——钢板不平整、厚度偏差及氧化皮影响而留有的模具间隙，$Z = (0.1 \sim 0.2)t$。

8.5.10 凹模圆角应符合下列规定：

1 凹模圆角半径R：采用压力圈时，$R = (2 \sim 3)t$；不采用压力圈时，$R = (3 \sim 6)t$。

2 因坯料较厚而凹模高度受限制时，可采用图8.5.10所示的双曲率圆角或斜坡圆角，图中$R_1 = 80 \text{ mm} \sim 150 \text{ mm}$，$R_2 = (3 \sim 4)t$，$\alpha = 30° \sim 40°$，$h_1$为过渡工作段，一般可取$0 \sim 30 \text{ mm}$。

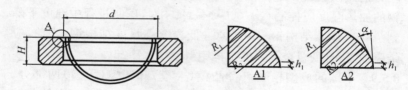

图 8.5.10 坯料较厚时凹模示意图

8.5.11 半球毛坯宜在车床上切边、坡口，坡口尺寸宜符合图8.5.11的规定。

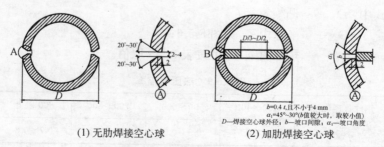

(1) 无肋焊接空心球　　　　(2) 加肋焊接空心球

$b = 0.4 \, t$，且不小于4 mm
$\alpha_1 = 45° \sim 30°$（b值较大时，取较小值）
D—焊接空心球外径；b—坡口间隙；α_1—坡口角度

图 8.5.11 半球坡口加工(单位:mm)

8.5.12 焊接空心球加工允许偏差应符合现行国家标准《钢结构工程施工规范》GB 50755 的规定。壁厚可采用测厚仪测量,在减薄区域沿纬线方向周长可等分 4 个~8 个点进行测量。

8.5.13 焊接板节点制作宜按下述流程进行:钢板下料→矫正→开槽、坡口→节点组装→焊接→检验→除锈、涂装→检验→包装、发运。

8.5.14 焊接空心鼓型节点制作宜按下述流程进行:钢板下料→加热→压制成型→切边、坡口→鼓型组装→焊接→检验→除锈、涂装→检验→包装、发运。

8.5.15 节点焊缝质量应符合设计要求、本标准第 8.4 节和国家现行标准的规定。

8.5.16 格构结构拼装前可进行小单元试拼装,其允许偏差应符合现行行业标准《空间网格结构技术规程》JGJ 7 的规定。

8.5.17 试拼装时,杆件与节点可采用点焊固定,间隙应满足设计或有关规范要求。当试拼装结束拆除杆件时,宜采用砂轮磨光机打磨定位焊缝,应确保杆件两端口的坡口光滑、节点表面无损伤。

8.5.18 拼装支架的设置宜符合图 8.5.18-1 和图 8.5.18-2 的要求。

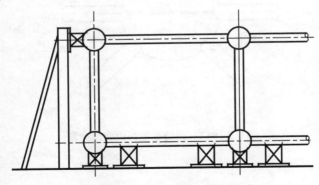

图 8.5.18-1 拼装支架设置

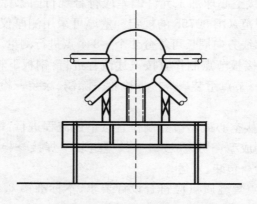

图 8.5.18-2　无竖杆的支点设置

8.5.19　焊接空心球拼装时对接焊缝的位置和方向应符合设计要求,当设计无要求时可按图 8.5.19-1 设置在弦杆位置或按图 8.5.19-2设置在支座位置。

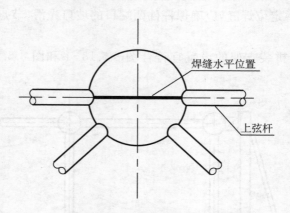

焊缝水平位置

上弦杆

图 8.5.19-1　焊缝在弦杆位置示意图

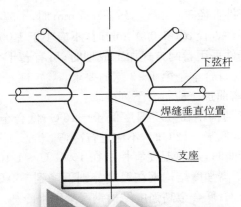

图 8.5.19-2　焊缝在弦杆的垂直位置示意图

8.5.20　焊接格构结构在拼装时应考虑焊接收缩,收缩量可通过工艺试验确定。

8.6　相贯节点格构结构的制作和拼装

8.6.1　相贯节点格构结构的制作宜按下述工艺流程进行:材料复验入库、施工图设计、焊接工艺评定、工艺文件编制→杆件加工(杆件接长、相贯线加工、坡口、弯曲加工)、节点加工、其他构件加工、胎(模)具准备→检验→除锈、涂装→组装、焊接或预拼装→检验→包装、发运。

8.6.2　杆件制作宜按下述工艺流程进行:材料采购→检验→下料、坡口→对接焊接→端口加工→弯曲加工→相贯线加工→检验→除锈、涂装→检验→包装、发运。

8.6.3　杆件接长时每个节间宜为一个接头,对接焊缝应采用一级全熔透焊缝,相邻管节或管段的纵向焊缝应错开,错开的最小距离(沿弧长方向)不应小于杆件壁厚的 5 倍,且不应小于 200 mm。最短接长长度应符合下列规定:

1　当杆件直径 $d \leqslant 500$ mm 时,不应小于 500 mm。

2 当杆件直径 500 mm＜d≤1 000 mm 时,不应小于直径 d。

3 当杆件直径 d＞1 000 mm 时,不应小于 1 000 mm。

4 当杆件采用卷制方式加工成型时,可有若干个接头,但最短接长长度应符合本条第 1～3 款的要求。

8.6.4 杆件弯曲加工应符合下列要求:

1 碳素结构钢在环境温度低于－16℃、低合金高强度结构钢在环境温度低于－12℃时,不应进行冷弯。

2 热弯曲时,加热温度宜控制在 1 000℃～1 100℃;碳素结构钢和低合金高强度结构钢在温度分别下降到 700℃和 800℃之前,应结束加工;低合金高强度结构钢严禁用水冷却。

3 钢管弯曲成型后:不应有明显的划痕和损伤,划痕深度不得大于 0.5 mm,且不应超过钢管厚度的允许偏差;钢管外径及壁厚(减薄量)不得小于设计值及允许偏差。

8.6.5 杆件相贯线加工应符合下列要求:

1 矩形钢管杆件的相贯线加工宜按 1∶1 放样并制作样板,号料划线后可采用仿形切割机或手工气割加工。

2 相贯线坡口角度应为连续渐变角度,坡口表面应光滑。

8.6.6 相贯节点格构结构组装宜按下述工艺流程进行:放样、设置定位基准线、胎架准备→胎架搭设→构件准备→主管定位→支管组装→定位焊接→检验→焊接→检验→涂装→检验→包装、发运。

8.6.7 相贯节点格构结构预拼装宜按下述工艺流程进行:放样、设置定位基准线、胎架准备→胎架搭设→构件准备→主管定位→支管拼装→焊接固定→检验、测量→标记→拆除→包装、发运。

8.6.8 相贯节点格构结构除可采用实体预拼装外,也可采用计算机辅助模拟预拼装方法,模拟构件或单元的外形尺寸应与实物几何尺寸相同。

8.6.9 相贯节点格构结构应在自由状态下进行预拼装,不得强行固定。预拼装时可采用临时连接螺栓或点焊固定。预拼装检验合格后,应在构件上标注中心线、控制基准线等标记,并可设置定位器。

8.6.10 相贯节点格构结构组装及预拼装尺寸的允许偏差应符合表 8.6.10 的规定。

表 8.6.10　相贯节点格构结构组装及预拼装尺寸允许偏差(mm)

项　目		允许偏差	检查方法	示意图
结构高度 H	H≤5 000	±2.0	用钢尺检查	
	H>5 000	±3.0		
结构宽度 B	B≤5 000	±2.0	用钢尺检查	
	B>5 000	±3.0		
节间距离 L₁	L₁≤5 000	±2.0	用钢尺检查	
	L₁>5 000	±3.0		
节点处杆件轴线错位	d(b)≤200	2.0	划线后用钢尺检查	
	d(b)>200	3.0		
长度 L	L≤24 m	+3.0, −7.0	用钢尺检查	
	24m<L ≤80m	+5.0, −10.0		
	L>80m	+10.0, −20.0		
侧向弯曲 ƒ		L/5 000，且不应大于 20.0	用拉线和钢尺检查	
拱度偏差值 △	设计要求起拱	起拱值的 10%，且不大于 10.0	用拉线和钢尺检查	
	设计未要求起拱	起拱值的 ±10%，且不大于 ±10.0		
对口错边		t/10，且不应大于 10.0	用焊缝量规检查	

注：d 为杆件直径；b 为杆件截面边长；t 为杆件壁厚。

8.6.11 相贯节点格构结构焊接时,应采取工艺措施控制焊接变形,且应减小焊接残余应力。

8.6.12 矩形管杆件端头角部或沿矩形管杆件角部进行焊接时,应先对该部位打磨,可用放大镜或磁粉探伤检查,确认无表面裂纹后方可进行焊接。

8.6.13 相贯节点的焊接应符合现行国家标准《钢结构焊接规范》GB 50661 的规定。

8.7 制索要求

8.7.1 制索前应针对制索工艺编制技术文件。

8.7.2 钢丝束索制作应按下述流程进行:原材料检验→下料→扭绞、绕包→挤塑→定长切断→浇铸→超张拉→包装成圈。各工序制作应符合现行国家标准《斜拉桥热挤聚乙烯高强钢丝拉索技术条件》GB/T 18365 及现行行业标准《建筑工程用索》JG/T 330 的相关要求。

8.7.3 扭绞型钢绞线索制作应按下述流程进行:原材料检验→下料→扭绞、绕包→挤塑。锚具和索体的连接可在施工现场完成,各工序制作可参考钢丝束索的相关要求;平行钢绞线索可全部在施工现场完成,制作应按下述流程进行:原材料检验→护套安装→钢绞线穿束→锚具连接。

8.7.4 钢丝绳索制作应按下述流程进行:原材料检验→预张拉→挤塑(若有护套)→定长切断→浇铸/压制→超张拉→包装成圈,钢丝绳索的预张拉载荷不小于索体公称破断载荷的 55%,以消除非弹性伸长为准。各工序制作应符合现行行业标准《公路悬索桥吊索》JT/T 449 及《建筑工程用索》JG/T 330 的相关要求。

8.7.5 钢丝束两端应浇铸锚具,浇铸料可采用锌铜合金或环氧树脂。

8.7.6 每根拉索在出厂前必须进行超张拉,合格后方可出厂。超

张拉力可取 1.4 倍～1.5 倍设计载荷,超张拉后冷铸锚锚板回缩值
应小于 5 mm,热铸锚铸体回缩值应小于锚具椎体长度的 2%。

8.7.7 成品拉索的长度误差 ΔL 应符合以下规定:

    1 $L \leqslant 100$ m 时,$\Delta L < \pm 20$ mm。

    2 $L > 100$ m 时,$\Delta L < \pm L/5\ 000$ mm。

8.8 铸钢节点的制作

8.8.1 节点的铸造、浇注工艺必须保证节点得到致密的内部组织
和规定的形状尺寸。

8.8.2 节点应以热处理状态交货,热处理应按现行国家标准《钢
件的正火与退火》GB/T 16923、《钢件的淬火与回火》GB/T
16924 的规定执行。

8.8.3 节点可采用打磨或机械加工的方法以得到规定的尺寸和
表面精度。

8.8.4 缺陷的修整应考虑以下因素:

    1 较小缺陷可采用打磨的方法去除,但应小于允许的负
偏差。

    2 超过允许偏差的缺陷,允许焊补,应先用打磨、碳刨等方
法去除缺陷,在确认缺陷去除后进行焊补。

    3 重大焊补要有焊补位置工艺的记录;焊补深度应小于壁
厚的 50%。

    4 焊接规定:焊接不应在铸态下进行,焊前应用热处理方法
细化母材晶粒;焊接材料应与母材相匹配;焊接应由合格的焊工
以经过焊接工艺评定的方法进行;焊前铸件根据需要应预热,焊
后应进行去除应力回火;经过焊接的区域应打磨或机加工至与相
邻的表面相平整。

    5 焊接区按铸件检验相同的标准验收。

8.8.5 铸钢化学分析取样法及成分偏差可按现行国家标准《钢的

成品化学成分允许偏差》GB/T 222、《钢和铁 化学成分测定用试样的取样和制样方法》GB/T 20066 的规定执行。

8.8.6 铸钢的化学分析方法可按现行国家标准《钢铁及合金化学分析方法》GB/T 223 进行。

8.8.7 采用光谱分析时,取样和分析方法可按现行国家标准《碳素钢和中低合金钢 多元素含量的测定 火花放电原子发射光谱法(常规法)》GB/T 4336 进行。

8.8.8 机械性能试验和检验应符合下列规定:

1 拉伸和冲击试样应在力学试块上切取,试块形状尺寸、制作方法应符合现行国家标准《一般工程用铸造碳钢件》GB/T 11352 的规定。

2 批次的划分可按铸钢产品标准或合同约定进行。

3 每一批次的铸件应进行一个拉伸试验,一组三个冲击试验。

4 铸钢节点的拉伸试验应按现行国家标准《金属材料拉伸试验 第 1 部分:室温试验方法》GB/T 228.1 进行。

5 铸钢节点的冲击试验应按现行国家标准《金属材料 夏比摆锤冲击试验方法》GB/T 229 进行。三个冲击试验值,允许一个低于规定值,但不得低于规定值的 70%。

6 除规定外,拉伸试样的主体尺寸为 $D=10$ mm,5 倍标距;或 $D=12.5$ mm,4 倍标距。

7 根据现行国家标准《金属材料 夏比摆锤冲击试验方法》GB/T 229 的相关要求,夏比冲击试样的主体尺寸为 10 mm×10 mm×55 mm。

8 力学性能试验时,允许对不合格批次进行复试:拉伸试验复试时,应从同批试块中取两个拉伸试样,每个试样均符合时为合格;冲击试验复试时,应从同批试块中取一组三个试样进行复试,连同初次试验在内共六个试样的平均数符合时为合格。允许一个低于规定值。

9 力学性能试验复试不合格时,铸件应重新热处理,重新热处理一般不超过两次(回火次数不限)。

8.8.9 无损探伤试验应符合下列规定:

1 节点的内在质量可按现行国家标准《铸钢件 超声检测 第1部分:一般用途铸钢件》GB/T 7233.1进行试验和评级,也可按现行国家标准《铸件 射线照相检测》GB/T 5677确定。

2 节点的表面和次表面质量可按现行国家标准《铸钢铸铁件磁粉检测》GB/T 9444或《铸钢铸铁件渗透检测》GB/T 9443确定。

8.8.10 铸钢节点的表面粗糙度应按现行国家标准《表面粗糙度比较样块 第1部分:铸造表面》GB/T 6060.1的相关规定确定。

8.8.11 铸钢节点的构造设计除应保证满足规定的结构强度以外,还宜考虑铸造及其他工序的顺利实施。

8.8.12 铸钢节点的一般尺寸公差应符合现行国家标准《铸件 尺寸公差、几何公差与机械加工余量》GB/T 6414的规定。特殊要求时,应按设计要求确定铸件的尺寸公差。

8.8.13 焊接、组装部位的尺寸公差应符合现行国家标准《钢结构工程施工质量验收标准》GB 50205的规定。

8.9 高强度钢棒的制作检验

8.9.1 高强度钢棒的棒体长度允许偏差、直径允许偏差、不圆度和弯曲度应符合现行国家标准《热轧钢棒尺寸、外形、重量及允许偏差》GB/T 702的规定。

8.9.2 高强度钢棒的普通螺纹应符合现行国家标准《普通螺纹 基本尺寸》GB/T 196和《普通螺纹 公差》GB/T 197中的7H/6g规定,梯形螺纹应符合现行国家标准《梯形螺纹 第4部分:公差》GB/T 5796.4中的8H/7e规定。

8.9.3 同一批高强度钢棒的同类组件应为同一牌号材料制造。

8.9.4 高强度钢棒连接件的承载能力应不低于高强度钢棒的最低承载能力。

8.9.5 高强度钢棒的力学性能应符合现行国家标准《钢拉杆》GB/T 20934 的规定。

8.9.6 单根棒材的棒体端部,可锻造后机械加工或直接机械加工,宜采用螺纹连接。

8.9.7 高强度钢棒相同组件应保证互换性。

8.9.8 高强度钢棒的表面应光滑,不允许有目视可见的裂纹、折叠、分层、结疤和锈蚀等缺陷。经机加工的高强度钢棒组件表面粗糙度应不低于 Ra12.5,高强度钢棒表面应按合同处理。

8.9.9 高强度钢棒各组件在安装前应进行表面清理。高强度钢棒组装时应注意保护表面护层。

8.9.10 如需张拉、紧固,可采用张拉设备或扭力扳手等措施对高强度钢棒进行逐级张拉或紧固,以达到设计要求的张力。

8.9.11 对高强度钢棒施加张力时,应辅以应力或变形测试,最终满足施工要求。

8.9.12 应对高强度钢棒进行施工后期的防护,重点是螺纹处的防腐。

8.9.13 高强度钢棒的检验项目、取样数量、取样方法和试验方法应符合现行国家标准《钢拉杆》GB/T 20934 的规定。

9 空间格构结构的安装

9.1 一般规定

9.1.1 空间格构结构安装前,必须按照设计文件和施工图的要求编制详细的施工组织设计,宜结合结构形式、场地条件、机械设备、环境因素、施工单位的具体情况等选择合适的施工方法,经审批同意后方可实施,并应在施工过程中严格执行。

9.1.2 空间格构结构的安装方法可包括高空散装法、吊装法、高空移位法、提升法、顶升法、内扩法和外扩法等,具体工艺可见本标准附录 B。空间格构结构的安装方法应根据结构受力和构造特点、施工技术条件、质量安全和经济性等综合确定,并应遵循使结构产生的残余内力和变形最小的原则。

9.1.3 当采用单一安装方法进行结构安装困难较大或经济性较差时,可采用任意 2 种或 2 种以上方法的组合,同时应分别满足单一方法的技术要求,并应对各种方法进行有机组合。施工时,应对不同方法组合后的施工状况进行验算,且应采取临时加固措施。

9.1.4 空间格构结构安装过程中应对永久结构和临时支撑结构进行验算。

9.1.5 根据施工工艺要求,当需要对部分构件的截面形式或安装步骤进行调整时,应征得设计单位同意。

9.1.6 结构制作与安装过程中所使用的测量器具应统一,并宜考虑土建工程使用的测量器具的误差。测量器具应按国家有关计量法规的规定定期校准合格。在使用时应根据现场实际情况,进行尺寸和温度的校正。

9.1.7 安装前,应根据定位轴线和标高基准点复核和验收土建施工单位设置的空间格构结构的支座预埋件或预埋螺栓的平面位置和标高。预埋件或预埋螺栓的施工误差应符合现行国家标准《钢结构工程施工质量验收标准》GB 50205 及现行上海市工程建设规范《空间格构结构工程质量检验及评定标准》DG/TJ 08—89 的规定。

9.1.8 结构安装前,应对照构件明细表核对进场的各种节点、杆件及连接件规格、品种和数量;应查验各节点、杆件、连接件和焊接材料的原材料质量保证书和试验报告、节点承载力试验报告、复验工厂预拼装的小拼单元的质量验收合格证明书。

9.1.9 空间格构结构施工安装过程中应采取有效措施防止形成瞬变结构、整体失稳。

9.1.10 采用吊装、提升或顶升的安装方法时,其吊点或支点的位置和数量的选择,应考虑下列因素:

1 宜与结构使用时的受力状况相接近。

2 吊点或支点的最大反力不应大于起重设备的负荷能力。

3 吊点或支点的变形不应超过控制值。

4 各起重设备的负荷宜接近。

5 吊装(提升)单元的应力和变形在允许范围之内。

9.1.11 安装方法确定后,施工单位应会同设计单位对结构按施工工况进行施工验算。施工荷载应包括施工阶段的结构自重及各种施工附加荷载,荷载系数取 1.0。安装阶段动力系数:当采用提升法或顶升法施工时,可取 1.1;当采用塔式起重机吊装时,可取 1.1~1.2;当采用履带或汽车式起重机吊装时,可取 1.1~1.25。

9.1.12 对于双向或组合受力的结构,屋面板安装必须待结构安装完毕后再进行。对于单向受力的结构,屋面板安装宜待 5 榀结构安装完毕后再进行。铺设屋面板时应对称进行;否则,应验算通过后方可实施。

9.1.13 预应力索应按要求进行保管和运输,其施工应与设计单位协商确定合理的张拉顺序,并应进行监测。

9.1.14 结构单元在运输过程中,应采取相应措施防止其变形。

9.1.15 施工过程中,结构各构件应满足极限状态设计准则 $\gamma_0 S \leqslant R$ 的要求,γ_0 可取 0.9。

9.1.16 安装完成后,应测量结构若干控制点的竖向位移,所测得的竖向位移应不大于相应荷载作用下设计值的 1.15 倍,具体控制指标可由设计和安装单位协商决定。

9.2 施工阶段设计

9.2.1 施工阶段设计应包括施工过程分析、结构验算、临时结构设计、结构预变形计算、施工详图设计等内容。

9.2.2 空间格构结构的施工过程计算模拟宜考虑以下因素:

1 对于形式复杂或安装过程复杂的空间格构结构应进行施工全过程跟踪计算,应考虑结构形式、支撑体系、施工荷载和边界条件的变化。

2 空间格构结构的施工过程计算应考虑结构自重、风荷载、温度变化、施工可变荷载、边界条件、安装误差等因素影响。

3 施工过程控制目标体系应包括计算分析和测控的控制目标。计算分析的目标体系可包括强度的控制、变形的控制和稳定的控制;测控目标体系包括应力的控制、变形的控制。

4 施工过程的力学分析,应考虑临时结构的弹性刚度对永久结构的影响。对于复杂的临时结构,宜将临时结构与永久结构在同一模型中共同分析。多点提升(顶升)施工时,应考虑升差对结构的影响,确定升差控制值。宜结合实测进行同步验证和预测分析。

9.2.3 空间格构结构的施工过程可视化模拟宜考虑以下因素:

1 安装过程模拟分析软件应为能够正确反映其几何尺寸和

空间定位的三维可视化软件。

　　2　安装关键工艺或全过程可视化模拟,宜综合考虑结构形式、施工界面、施工流程、施工工艺、施工工期等多方面因素。

9.2.4　应根据施工工艺、结构受力特点及现场施工条件确定临时支撑的数量、布置位置及结构形式,并应按不同的安装阶段,分别验算临时支撑的刚度和承载能力。

9.2.5　结构预变形值应结合施工工艺,通过结构分析计算,并应由施工单位与设计单位共同确定。结构预变形的实施应进行专项工艺设计。

9.2.6　施工详图应根据结构设计文件和有关技术文件进行编制,并应经设计单位确认;当需要进行节点设计时,节点设计文件也应经设计单位确认。

9.2.7　施工详图应包括图纸目录、设计总说明、构件布置图、构件详图和安装节点详图等内容。图纸表达应清晰、完整,空间复杂构件和节点的施工详图,宜增加三维图形表示。

9.3　结构安装过程控制

9.3.1　空间格构结构的安装过程控制内容宜包括:结构变形的控制、结构构件强度的控制、结构或构件的稳定性控制和温度对结构影响的控制。对特殊的结构,应进行预变形控制。

9.3.2　为了保证结构安全施工,宜对本标准第 9.2.2 条所列的施工期荷载,按照不同的安装阶段的具体情况对永久结构和临时结构的内力和位移进行验算。

9.3.3　对结构施工状态和几何初态的内力和位移的计算,宜考虑前一施工阶段结构内力和位移对后一施工阶段内力和位移的影响。

9.3.4　对结构施工状态和几何初态,必须控制结构构件的应力小于构件材料的屈服应力,拉索构件则其应力必须小于许用应力。

9.3.5 安装期的各个阶段,必须控制结构只发生弹性变形,且应符合下列规定:

1 对于刚性结构,最大变形符合现行国家标准《钢结构设计标准》GB 50017 及有关规范的规定。

2 对于柔性结构,由施工单位和设计单位协商确定。

9.3.6 安装期的各个阶段,应满足以下稳定性要求:

1 刚性结构的部分结构体系和结构构件必须满足结构稳定性的要求,结构施工状态稳定性和临时支撑结构可以通过有限元方法计算,采用网壳结构作为临时支撑的整体稳定性的安全系数应大于 4;结构构件应按现行国家标准《钢结构设计标准》GB 50017 的规定计算。

2 索结构只计算受压构件的稳定性。

9.3.7 采用整体顶升法、整体滑移法、整体提升法进行施工时,结构由拼装工作面升起和落位的瞬间,应根据计算分析,严格控制其加速度和同步性。

9.3.8 安装期对永久结构和临时结构进行验算时,应依据现行国家标准《建筑结构荷载规范》GB 50009 对本标准第 9.2.2 条的荷载进行组合。结构提升和落位,应考虑其动力效应,荷载组合中自重项应考虑动力分项系数 γ 的组合效应,γ 的取值可按本标准第 9.1.14 条确定。

9.3.9 宜选取温度接近于平均温度的时间段合拢,应避免在温度很高或很低的时间段合拢。

9.3.10 对重要工程,施工单位应会同设计单位对结构施工安装过程进行监测控制。

9.4 结构卸载过程控制

9.4.1 空间格构结构在卸载过程中的控制内容可包括:结构变形控制、结构构件强度控制、结构或构件稳定性控制、临时支撑结构强度和稳定性控制、结构温度影响控制。

9.4.2 对卸载过程中的永久结构和临时结构进行验算时,应依据现行国家标准《建筑结构荷载规范》GB 50009 对本标准第 9.2.2 条的荷载进行组合。

9.4.3 空间格构结构达到完成状态后,对于拆除临时支撑的方案宜通过计算比较,应使主体结构变形协调、荷载平稳转移。同时必须保证临时结构在拆撑过程中的安全。

9.4.4 拆撑过程宜综合考虑荷载重分配和临时支撑结构刚度对永久结构和临时结构的影响,应确定合理的拆撑顺序和步骤。

9.4.5 对变形较为敏感的空间格构结构,不宜采用切割支撑的施工工艺进行卸载。

9.4.6 对于结构复杂的空间格构结构应进行多次循环卸载,第一级卸载量不宜超过总卸载量的 20%,后续每次卸载量不宜超过总卸载量的 40%。

9.4.7 结构达到几何初态时,所有构件内产生的初应力限值及结构产生的初始变形限制应由施工单位和设计单位协商确定。

9.4.8 结构在拆撑过程中,应进行下列计算及控制:

　1 结构构件应按现行国家标准《钢结构设计标准》GB 50017 的规定计算。

　2 索网和张力集成体系受压构件应满足稳定性要求。

9.4.9 对于自平衡体系的空间格构结构,可不考虑温度荷载的影响。

9.4.10 临时支撑拆除过程中应进行拆撑过程的内力和变形监测。

9.5 结构安装

9.5.1 对结构形式复杂或安装过程复杂的空间格构结构,宜结合预埋件实际位置或已成型结构实际尺寸进行计算机模拟预拼装,宜根据预拼装结果对后续加工构件进行偏差调整。

9.5.2 结构拼装误差及基础偏差应满足现行国家标准《钢结构工程施工质量验收标准》GB 50205 的要求。

9.5.3 拼装空间格构结构前,应在坚实的基础上搭设拼装平台。

9.5.4 焊接材料和紧固标准件,应符合下列规定:

  1 对焊接材料和紧固标准件应按现行国家标准《钢结构工程施工质量验收标准》GB 50205 及有关规范的要求,检查其质量合格证明文件,并应按规定要求进行相应的复试。

  2 当运输至现场后,应妥善堆放和保管,防止受潮。

  3 复杂的焊接管桁架结构拼装宜以平面段形式在专用胎架上进行,对焊接工作量大的节点可单独先行组装焊接,可将已交验的平面段在总装胎架上进行总装合拢。

  4 高强度螺栓施工时,应首先使用临时螺栓固定,待外形尺寸调整后可再换用高强度螺栓按先初拧后终拧的顺序紧固。

9.5.5 拼装过程中应使杆件始终处于非受力状态,严禁不按设计规定的受力状态加载或强迫就位。同时,不宜将螺栓一次拧紧,应在沿建筑物纵向、横向安装好一排或两排结构单元后,经测量无误方可将螺栓球节点全部拧紧到位。

9.5.6 施焊时,应选择合适的环境温度、焊接方法、焊接工艺顺序、焊接工艺参数。焊接时宜从中心向外对称延伸,严禁同一杆件两端同时施焊,宜先焊下弦节点,然后焊接上弦节点。

9.6 工程监测

9.6.1 除设计文件要求或其他规定应进行施工期间监测的大跨空间格构结构外,满足下列条件之一时,宜进行施工期间结构监测:

  1 跨度大于 120 m 的网架及多层网壳钢结构和索膜结构。

  2 跨度大于 80 m 的单层球面网壳、跨度大于 40 m 的圆柱面网壳、跨度大于 70 m 的单层双曲面网壳以及跨度大于 60 m 的单层椭圆抛物面网壳结构。

    3   单跨跨度大于 90 m 的大跨组合结构。

    4   结构悬挑长度大于 40 m 的钢结构。

9.6.2   除设计文件要求或其他规定应进行使用期间监测的大跨空间结构外,满足下列条件之一时,宜进行使用期间结构监测:

    1   跨度大于 120 m 的网架及多层网壳钢结构。

    2   跨度大于 100 m 的单层球面网壳、跨度大于 40 m 的单层圆柱面网壳、跨度大于 70 m 的单层双曲面网壳以及跨度大于 60 m 的单层椭圆抛物面网壳结构。

    3   单跨跨度大于 90 m 的大跨组合结构。

    4   结构悬挑长度大于 45 m 的钢结构。

9.6.3   对节点处汇交焊缝数量多、焊缝焊接量大的复杂结构,宜进行焊接应力监测。

9.6.4   监测内容可包括结构几何状态参数监测、温度监测、应力监测、风载监测、沉降监测、支座位移监测、振动监测。需要监测的内容在满足相关规定条件下,可由设计单位和施工单位共同确定。监测频率应能够满足设计和施工需要。

9.6.5   施工监测的方法应根据监测对象、监测目的、监测频度、监测时间长短等情况选定方便、可靠的方法。

9.6.6   对于索系结构,应对施工单位与设计单位商定的索力进行监测,并应形成监测报告。

9.6.7   应对监测结果及时分析,应用于指导后续施工过程,保证施工的顺利进行。

附录 A 拉索和高强钢棒节点构造示意图

A.0.1 节点形式示意图。

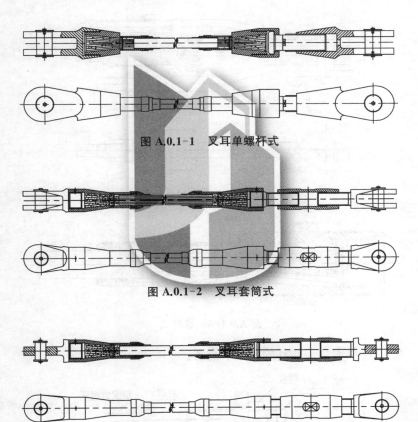

图 A.0.1-1 叉耳单螺杆式

图 A.0.1-2 叉耳套筒式

图 A.0.1-3 单耳套筒式

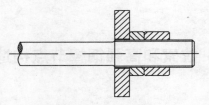

图 A.0.1-4　单螺杆式

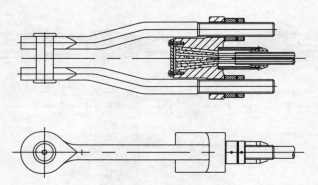

图 A.0.1-5　双螺杆式

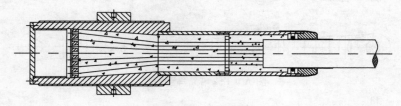

图 A.0.1-6　锚杯式

A.0.2　拉索端头锚具的构造示意图。

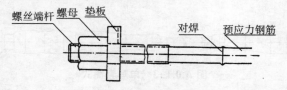

图 A.0.2-1　螺丝端杆锚具示意图

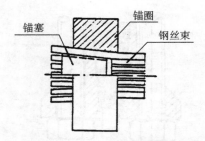

图 A.0.2-2　钢质锥形锚具示意图

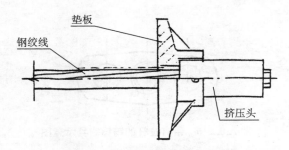

图 A.0.2-3　挤压锚具示意图

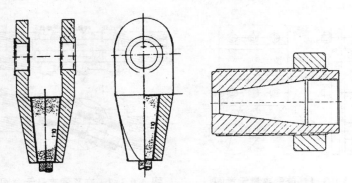

图 A.0.2-4　带耳板的铸锚　　图 A.0.2-5　带有外螺纹的铸锚
　　　　　　锚具示意图　　　　　　　　　　锚具示意图

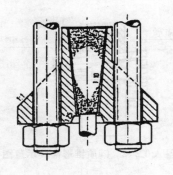

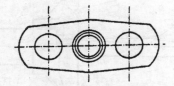

图 A.0.2-6 带有拉杆的铸锚锚具示意图

A.0.3 拉索夹具的构造示意图。

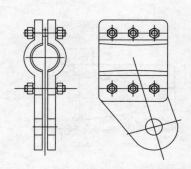

图 A.0.3-1 单索夹具示意图

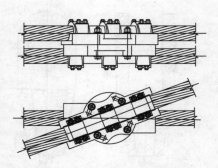

图 A.0.3-2 交叉索夹具示意图

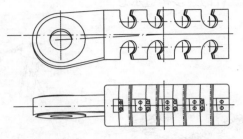

图 A.0.3-3 环索夹具示意图

A.0.4 索头的其他连接形式的构造示意图。

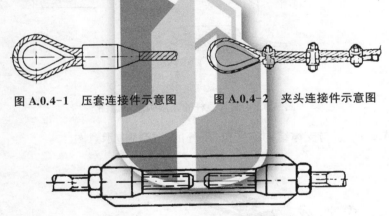

图 A.0.4-1 压套连接件示意图　　　图 A.0.4-2 夹头连接件示意图

图 A.0.4-3 花篮螺栓连接件示意图

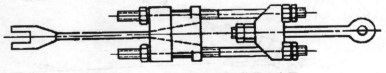

图 A.0.4-4 一端带拉环的调节器示意图

A.0.5 索与桅杆的连接构造示意图。

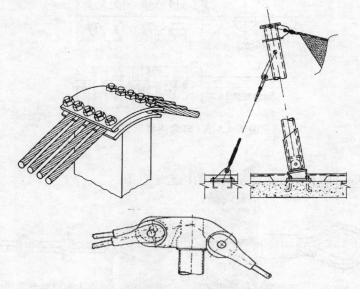

图 A.0.5 索与桅杆的连接构造示意图

A.0.6 索与支撑结构或受拉、压环的连接构造示意图。

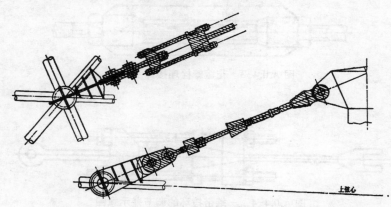

图 A.0.6 索与支承结构或受拉、压环的连接构造示意图

A.0.7 索与钢梁的连接构造示意图。

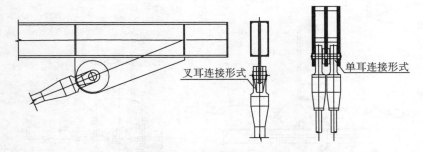

图 A.0.7-1 索与上弦梁叉耳式连接的构造示意图

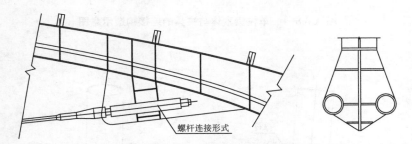

图 A.0.7-2 索与上弦梁螺杆连接的构造示意图

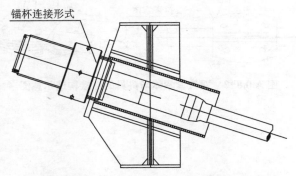

图 A.0.7-3 索与上弦梁锚杯连接的构造示意图

A.0.8 拉索索体与夹具的连接构造示意图。

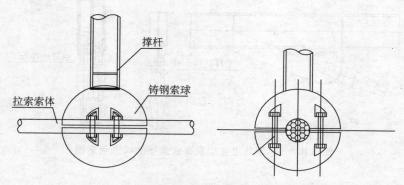

图 A.0.8-1　单拉索索体与夹具的连接构造示意图

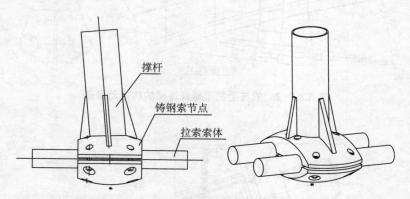

图 A.0.8-2　双拉索索体与夹具的连接构造示意图

A.0.9 索与构件或地锚连接示意图。

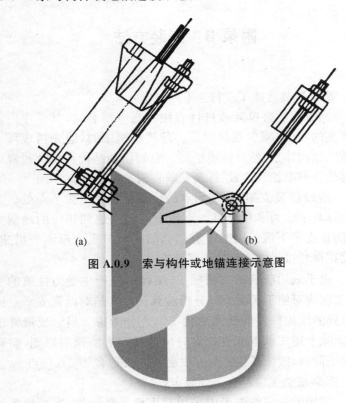

(a)   (b)

图 A.0.9   索与构件或地锚连接示意图

附录 B 安装方法

B.0.1 高空散装法施工应符合下列规定：

1 当采用小拼单元或杆件直接在高空拼装时，其顺序应能保证拼装的精度，减少累积误差。悬挑法施工时，应先拼成可承受自重的结构体系，然后逐步扩展。空间格构结构在拼装过程中应随时检查基准轴线位置、标高及垂直偏差，并应及时纠正。

2 搭设拼装支架时，支承点的位置应设在下弦节点处。支架应验算其承载力和稳定性。支架下基础应达到相应的地耐力要求，防止支架下沉。同时应有适当的拼装节点变形调节措施，以补偿在拼装过程中产生的下降高度。

3 由于采用散装的方法施工，结构可能产生受力性质的变化，施工前应对施工工况予以分析验算。尤其是对设置支承点或张拉点处的结构杆件的受力变化予以充分考虑。当形成最终结构时，拆除上述支承点或张拉点时应遵循变形协调的原则，防止产生突变荷载，按循环往复的方法逐步拆除支承点或张拉点。

B.0.2 吊装法施工应符合下列规定：

1 结构吊装宜首先考虑采用起重机吊装就位；当场地条件限制或受起重性能制约时，也可采用拔杆起吊。

2 当采用多根拔杆方案时，可利用每根拔杆两侧起重滑轮组中产生水平分力不等原理推动结构移动或转动进行就位。结构移位距离或旋转角度与结构下降高度之间的关系，可用图解法或计算确定。

3 吊装过程中起重机或拔杆的受力应明确，多台起重机或拔杆共同受力时，其起重能力宜控制在额定负荷能力的 0.8 倍以下；当有特殊的控制措施时，可适当放宽。

4 起重机开行道路、拔杆及其配套设施的基础应达到相应的地耐力要求。

5 当采用起重机将结构分为若干单元吊装时，其临时支撑安装及其拆除过程应符合本标准要求。

6 应使单元具有足够刚度并保证自身的几何不变性；否则，应采取临时加固措施。

7 在结构吊装时，应保证各吊点起升及下降的同步性。相邻两拔杆间或相邻吊组的合力点间的提升高差允许值可取吊点间距离的 1/400，且不宜大于 100 mm，或通过验算确定。

8 采用拔杆吊装时，应符合下列要求：

    1）结构的任何部位与支承柱或拔杆的净距离不应小于 100 mm；

    2）如支承柱上设有凸出构造（如牛腿等），应防止结构在提升过程中被凸出物卡住；

    3）由于结构错位需要，对个别杆件暂不组装时，应进行验算。

9 当采用多根拔杆吊装时，拔杆安装必须垂直，缆风绳的初始拉力值宜取吊装时缆风绳中拉力的 60%。当采用单根拔杆吊装时，其底座应采用球形万向接头；当采用多根拔杆吊装时，在拔杆的起重平面内可采用单向铰接头。拔杆在最不利荷载组合作用下，其支承基础对地面的压力不应大于地基允许承载能力。

B.0.3 高空滑移法施工应符合下列规定：

1 滑移法可分为工作平台滑移法和结构滑移法，结构滑移法又可分为单元滑移法和区间累积滑移法。

2 工作平台滑移法采用在地面或楼面设置滑轨，将结构单元拼接在工作平台上，由工作平台在滑轨上移动，从而将结构单元滑移至设计位置。当采用工作平台滑移法时，工作平台应进行承载力和稳定性验算。

3 采用单元滑移法时，分条的结构单元在事先设置的滑轨上单元滑移到设计位置后拼装;滑移法可利用已建结构物作为高空拼装平台。如受建筑物或周围场地条件制约,可在滑移开始端设置宽度约大于两个节间的拼装平台。有条件时,可以在地面拼成条或块状单元吊至拼装平台上进行拼装。

　　4　滑轨可固定于钢筋混凝土梁顶面的预埋件或地面及楼面上,滑轨与梁顶面的预埋件、地面及楼面的连接应牢固可靠,轨道铺设区域内应平整,并能承受相应的压力。轨道之间应有可靠连接,连接处应平滑过渡。当结构或工作平台的支座板直接在滑轨上滑移时,其两端应做成圆导角,滑轨两侧应无障碍。

　　5　滑移可采用滑动和滚动两种方法,牵引动力可采用卷扬机、倒链或钢绞线液压千斤顶等形式。牵引时应防止由静摩擦力转为动摩擦力时的突然滑动。采用滑移法施工时,滑移工况应予以施工验算,根据水平力和垂直力的大小确定相应的滑移形式。采用滑动方法时,摩擦表面应涂润滑油。

B.0.4　提升法施工应符合下列规定:

　　1　应根据被提升格构结构的变形控制和受力分析,确定提升吊点及支承位置,并根据各吊点处的反力值选择提升设备和设计或验算支承柱。

　　2　结构提升设备宜根据结构特点选择在结构支承柱顶布置,也可设置在临时支承柱顶。

　　3　应使提升的结构具有足够刚度并保证自身的几何不变性;否则,应采取临时加固措施。

　　4　提升设备的使用负荷能力,应将额定负荷能力乘以折减系数:穿心式液压千斤顶可取 0.5～0.6;电动螺杆升扳机可取 0.7～0.8;钢索液压提升千斤顶可按支承柱柱顶反力配置,其使用负荷能力单柱可取 0.8、群柱可取 0.7;其他设备通过试验确定。

　　5　结构提升时应控制同步升差。相邻两个提升点允许升差值,当用升扳机时,应为相邻点距离的 1/400,且不应大于 15 mm;当用穿心式液压千斤顶或钢索式液压提升千斤顶时,应为相邻点距离的 1/250,且不应大于 25 mm。最高点与高低点允许升差值：当用升扳机时,应为小于等于 35 mm;当用穿心式液压千斤顶或钢索式液压提升千斤顶时,应为小于等于 50 mm;也可通过验算确定相邻两提升点和最高与最低提升点的允许升差值。

6 结构支承柱上提升设备的合力点应对准结构吊点,允许偏差值为 10 mm。

7 采用提升法,应对施工工况进行验算。提升单元本身应具有足够刚度并保证几何不变性。当利用结构柱或临时支承柱提升时,应验算施工状态的稳定性。必要时,还应进行群柱稳定分析。验算时,施工荷载中应包括风荷载。对提升节点应做必要的验算并采取相应的加固措施。

B.0.5 顶升法施工应符合下列规定：

1 顶升时,应使被顶升的结构具有足够的刚度并保证自身的几何不变性;否则,应采取临时加固措施。

2 顶升时,应尽量利用结构的支承柱作为顶升时的支承结构,也可在其附近设置临时顶升支架。

3 为保证顶升距离与临时搁置距离的一致性,顶升用的支承柱或临时支架上的缀板间距,应为千斤顶使用行程的整数倍,其标高偏差不得大于 5 mm;否则,应用薄钢板垫平。

4 顶升千斤顶可采用丝杠千斤顶或液压千斤顶,其使用负荷能力应将额定负荷能力乘以折减系数:丝杠千斤顶取 0.6～0.8;液压千斤顶取 0.4～0.6。

各千斤顶的行程和升起速度必须一致,千斤顶及其液压系统必须经过现场检验合格后方可使用。

5 顶升时各顶升点的允许升差值应符合下列规定：

1） 相邻两个顶升用的支承结构间距的 1/1 000,且不应大于 30 mm;

2） 当一个顶升用的支承结构上有两个或两个以上千斤顶时,取千斤顶间距的 1/200,且不应大于 10 mm。

6 千斤顶或千斤顶合力的中心应与柱轴线对准,其允许偏移值应小于等于 5 mm;千斤顶应保持垂直。

7 顶升前及顶升过程中结构支座中心对柱基准轴线的水平偏移值不得大于柱截面短边尺寸的 1/50 及柱高的 1/500。

8 对顶升用的支承结构应进行稳定性验算,验算时除应考虑结构和支承结构自重、与结构同时顶升的其他静载和施工荷载外,还应考虑上述荷载偏心和风荷载所产生的影响。如稳定不足时,应首先采取施工措施予以解决。

B.0.6 内扩法和外扩法施工应符合下列规定:

1 外扩法宜结合顶升法和提升法施工。

2 对重要结构,采用内扩法施工应在内圈设置临时支撑以消除自重产生的挠度,支撑位置应由计算确定。

3 应对在内扩法和外扩法中使用的支承柱(或结构)进行强度、变形和稳定性验算。验算时,除应考虑结构和支承结构自重、其他静载和施工荷载外,还应考虑上述荷载偏心和风荷载所产生的影响。

4 在拆除临时支撑过程中应避免个别支撑点集中受力,宜根据各支撑点的结构自重挠度值,采用分区分阶段按比例下降法拆除支撑点。

B.0.7 空间拉索结构施工法应符合下列规定:

1 对于拉索只是增加结构刚度的空间格构结构,可依据情况,选用高空散装法、吊装法、滑移法、顶升法或提升法。

2 对于完全由预应力提供刚度的空间格构结构,应与设计单位协商确定最适宜的施工方法。

本标准用词说明

1　为了便于在执行本标准条文时区别对待,对要求严格程度不同的用词说明如下:

　　1)表示很严格,非这样做不可的用词:
　　　正面词采用"必须";
　　　反面词采用"严禁"。

　　2)表示严格,在正常情况下均应这样做的用词:
　　　正面词采用"应";
　　　反面词采用"不应"或"不得"。

　　3)表示允许稍有选择,在条件许可时首先这样做的用词:
　　　正面词采用"宜";
　　　反面词采用"不宜"。

　　4)表示有选择,在一定条件下可以这样做的用词,采用"可"。

2　条文中指明应按其他有关标准、规范执行时,写法为:"应符合……的规定"或"应按……执行"。

引用标准名录

1 《建筑结构荷载规范》GB 50009

2 《建筑抗震设计规范》GB 50011

3 《钢结构设计标准》GB 50017

4 《钢结构工程施工质量验收标准》GB 50205

5 《钢结构焊接规范》GB 50661

6 《钢结构工程施工规范》GB 50755

7 《建筑钢结构防火技术规范》GB 51249

8 《普通螺纹　基本尺寸》GB/T 196

9 《普通螺纹　公差》GB/T 197

10 《钢的成品化学成分允许偏差》GB/T 222

11 《钢铁及合金化学分析方法》GB/T 223

12 《金属材料拉伸试验　第1部分:室温试验方法》GB/T 228.1

13 《金属材料　夏比摆锤冲击试验方法》GB/T 229

14 《优质碳素结构钢》GB/T 699

15 《碳素结构钢》GB/T 700

16 《热轧钢棒尺寸、外形、重量及允许偏差》GB/T 702

17 《热轧钢板和钢带的尺寸、外形、重量及允许偏差》GB/T 709

18 《丝锥螺纹公差》GB/T 968

19 《不锈钢焊条》GB/T 983

20 《气焊、焊条电弧焊、气体保护焊和高能束焊的推荐坡口》GB/T 985.1

21 《不锈钢棒》GB/T 1220

22 《钢结构用高强度大六角头螺栓、大六角螺母、垫圈技术

47 《钢丝绳通用技术条件》GB/T 20118

48 《钢拉杆》GB/T 20934

49 《工业建筑防腐蚀设计标准》GB/T 50046

50 《大型低合金铸钢件技术条件》JB/T 6402

51 《建筑工程用索》JG/T 330

52 《空间网格结构技术规程》JGJ 7

53 《钢结构高强度螺栓连接技术规程》JGJ 82

54 《建筑钢结构防腐蚀技术规程》JGJ/T 251

55 《索结构技术规程》JGJ 257

56 《公路悬索桥吊索》JT/T 449

57 《高强度低松弛预应力热镀锌钢绞线》YB/T 152

58 《密封钢丝绳》YB/T 5295

59 《建筑索结构技术标准》DG/TJ 08—019

60 《空间格构结构工程质量检验及评定标准》DGJ 08—89

上海市工程建设规范

空间格构结构技术标准

DG/TJ 08—52—2020
J 10508—2020

条 文 说 明

2021 上海

目　次

Contents

1 总 则

1.0.2 空间格构结构是由刚性或柔性构件通过节点连接构成的网架、网壳、索及索与网架（网壳）组合等结构体系。

对超过本标准规定的空间格构结构应进行专门的研究分析或试验。

本条文中一般工业与民用建筑系指不包括高温、湿热、有强烈腐蚀性气体及大吨位冲压机床的工业与民用建筑，同时空间格构结构不直接承受动力荷载。平板型网架可根据本标准有关章节的规定直接承受小型悬挂吊车荷载。

本标准主要适用对象为以钢材为主的空间格构结构。当结构主承重构件采用铝合金、木材等材料时，可按照其他国家和本市相关标准执行。

1.0.3 在空间格构结构的设计文件中应注明结构的安全等级、合理使用年限、结构构件和连接件及其零部件所采用的材料牌号和供货条件等。

本标准中未作规定的内容可参照国家和行业标准执行，在本标准中已作规定的内容在上海地区按本标准执行。

3 基本规定

3.1 一般规定

3.1.3 结构在工作状态时不允许出现可变、瞬变或刚体位移，但是在结构成形过程中可以利用机构的无穷小机构位移或有限机构位移，使机构成为结构，此时，应对机构位移过程可能产生的影响加以计算分析。

3.1.5 在弦支结构、索网与刚性体系混合等结构中，在拉索未施加预应力参与工作以前，结构应维持稳定。

3.1.6 单层网壳结构采用刚性节点才能保证其几何上的稳定性，不至于成为机构。对于具有一定刚度但不是完全刚性的节点形式，需根据跨度、支承条件、荷载等实际情况，经试验或专题研究论证可行后方可应用于工程。

3.3 荷载与作用

3.3.1 空间格构结构承受的荷载或作用应由设计人员根据结构及结构的工作环境和条件来确定，并且确定最不利可能同时发生的荷载工况，确定供结构整体设计的荷载与作用和局部验算的荷载与作用。

3.3.2 根据结构形状和面积，对不上人屋面活载取值可适当折减，最小可取 $0.3\ \text{kN/m}^2$。

3.3.3 大跨度空间格构的风振响应规律与高层结构不同，屋面的不同区域构件对应的风振系数不同，无法用统一的风振系数进行设计。可采用风时程动力分析技术,得到瞬态风荷载作用下每根构件的内力时程,将每根构件的内力极大值直接参与效应组合,进行构件设计。体形复杂、有大开口或大悬挑空间的格构结构,无法在现行国家规范中找到合适的体型系数,为了保证工程设计的安全性和经济性,宜采用风洞试验或数值风洞等研究手段确定。

3.3.4 在特殊气候条件下,对大跨度或复杂体形的空间格构结构,雪荷载的取值除按国家规范规定外,尚宜考虑积雪二次分布。

3.3.6 目前,大型复杂空间结构设计中均需考虑对结构合拢、卸载等进行控制,调整结构的受力状态,故此对于大跨度、复杂支承条件的空间格构结构,设计时应考虑施工加载次序的影响,进行必要的施工模拟分析。

4 结构分析验算

4.1 一般规定

4.1.1 结构分析是指采用某种数学力学模型，借助计算机对结构的位移、内力进行计算分析的过程。结构分析可采用连续化假定的精确分析方法，也可采用基于离散化假定的数值分析方法。数值分析方法得到的解是近似解，因此，合理、正确地选择分析模型，才能提高解的精度。考虑格构结构与其下部支承结构的相互作用，在结构抗震或整体稳定分析时，应采用整体计算模型。

4.1.7 空间铰接杆系如平板型网架、多层网壳，其杆件不宜直接承受外荷载，此时结构可采用铰接杆系单元模型进行分析。对于节点具有一定抗弯刚度的杆系结构，当杆件直接承受外荷载时，此时应考虑此荷载产生的局部弯、剪应力。

4.1.8 结构计算模型的边界约束条件类型宜包括固定约束、弹性约束、可转动约束、可滑移约束以及强迫位移。

4.1.9 常见的斜边界形式有：平板格构结构斜边界（图 1）、规则曲面格构结构斜边界及不规则平面或曲面格构结构斜边界（图 2）。

4.1.10 结构计算模型和分析方法，应符合表 1 的规定。

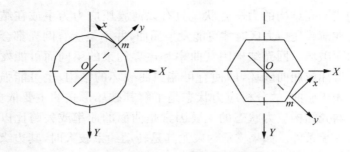

图1　平板格构结构斜边界形式示意图

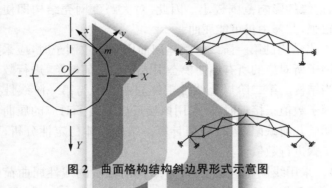

图2　曲面格构结构斜边界形式示意图

表1　结构计算模型和分析方法

结构体系	位移、内力分析		稳定分析	
	弹性阶段	弹塑性阶段	弹性稳定	弹塑性稳定
铰接结构体系	线性或几何非线性计算模型	几何与材料双非线性计算模型	几何非线性计算模型	几何与材料双非线性计算模型
刚接结构体系				
索结构或张弦结构	几何非线性计算模型		—	

4.3　整体稳定性分析验算

4.3.1　设计格构结构或网壳结构时,应首先了解所拟设计的格构结构或网壳结构的力学性状。只有以薄膜压应力为主或在结构中存在薄膜压应力区时才可能发生屈曲,并不是所有网壳都会因屈曲而破坏。网壳结构因其曲率和边界约束的不同而可能发生强度破坏或屈曲破坏,即使有可能屈曲破坏的结构,也可能强度破坏先于屈曲,故分析应力状态是了解其破坏形式的主要依据。影响网壳结构应力状态的主要因素是曲面的曲率或矢跨比以及边界支承条件。如果支承约束尤其是转动约束较大时,其边缘效应也较大。对于跨度较小的结构,边缘效应也较强。跨度较大的结构,边缘的影响范围较小。因此,对大跨度网壳结构即使边缘约束很强,其跨中仍可能屈曲。

4.3.2 当结构的第一阶线性整体屈曲因子为重因子时,应采用该屈曲因子所对应的所有屈曲模态引入初始几何缺陷,进行数值计算。当结构的第二阶以上线性整体屈曲因子与第一阶线性整体屈曲因子数值很接近时,应采用该接近屈曲因子对应的屈曲模态引入初始几何缺陷,进行数值计算。结构整体稳定性分析,可按以下步骤进行数值计算:

    1   采用线性稳定理论,计算结构前数阶的线性屈曲荷载或屈曲因子及相应的屈曲模态。

    2   根据结构线性屈曲模态,采用一致缺陷模态法确定有缺陷结构的初始几何缺陷模式,参照现行行业标准《空间网格结构技术规程》JGJ 7 确定结构的缺陷幅值。

    3   引入初始几何缺陷,进行有缺陷结构的大位移几何非线性整体稳定性分析,获得有缺陷结构的临界荷载或临界荷载因子。

    4   引入初始几何缺陷,进行有缺陷结构的几何非线性-弹塑性整体稳定性分析,获得有缺陷结构的弹塑性临界荷载或临界荷载因子。

4.3.4 结构整体稳定分析,如果不能同时考虑构件屈曲的影响,将不能得到结构的真实临界荷载,甚至过高估计结构的临界荷载。将单根构件剖分为偶数个单元进行计算,以模拟单根构件半波形屈曲行为。

在稳定分析中除了选择合适的力学模型和算法外,对杆单元的剖分也是十分重要的。在静力或动力分析中,可以近似地将没有跨中集中荷载作用的构件作为一个梁柱单元。但是在稳定分析时则将 1 个构件剖分为 2 个或 4 个单元,剖分为 2 个或 4 个单元所获得的临界荷载较构件剖分为 1 个单元时精确。国内外在早期都进行过分析,如对于欧拉柱,当一根柱剖分为 4 个单元时,得到临界荷载就接近于欧拉公式所得的值。对一个构件剖分为 1 个单元时,所求得的理论临界荷载值高于用 2 个或 4 个单元时所求得的值。因此,在采用通用软件而不是专用软件分析时应该估计结果的偏差来指导设计。

4.4 地震反应分析与抗震验算

4.4.5 影响结构阻尼比的因素甚为复杂,属于正在研究的课题。为了和国家规范一致,常遇地震作用时,参照现行行业标准《空间网格结构技术规程》JGJ 7 取值;罕遇地震作用时,按现行行业标准《高层民用建筑钢结构技术规程》JGJ 99 取值。

4.4.10 空间格构结构支承于下部结构,即格构结构为非落地支承,而下部支承结构对格构结构的地震反应会有放大作用,因此,需要考虑下部支承结构的影响。

4.4.11 当按多维反应谱法进行结构三维地震作用效应分析时,结构各节点最大位移响应与各杆件最大内力响应可按下列公式进行组合计算:

1 第 i 节点最大地震位移响应

$$U_{ix} = \left\{ \sum_{j=1}^{m} \sum_{k=1}^{m} \phi_{j,ix} \phi_{k,ix} [(\gamma_{jx}\gamma_{kx} + \gamma_{jx}\gamma_{ky} + \gamma_{jy}\gamma_{kx} + \gamma_{jy}\gamma_{ky}) \right.$$
$$\left. \rho_{jk} S_{hj} S_{hk} + \gamma_{jz}\gamma_{kz}\rho_{jk} S_{vj} S_{vk}] \right\}^{\frac{1}{2}} \tag{1}$$

$$U_{iy} = \left\{ \sum_{j=1}^{m} \sum_{k=1}^{m} \phi_{j,iy} \phi_{k,iy} \left[(\gamma_{jx}\gamma_{kx} + \gamma_{jx}\gamma_{ky} + \gamma_{jy}\gamma_{kx} + \gamma_{jy}\gamma_{ky}) \right. \right.$$
$$\left. \left. \rho_{jk} S_{hj} S_{hk} + \gamma_{jz}\gamma_{kz}\rho_{jk} S_{vj} S_{vk} \right] \right\}^{\frac{1}{2}} \tag{2}$$

$$U_{iz} = \left\{ \sum_{j=1}^{m} \sum_{k=1}^{m} \phi_{j,iz} \phi_{k,iz} \left[(\gamma_{jx}\gamma_{kx} + \gamma_{jx}\gamma_{ky} + \gamma_{jy}\gamma_{kx} + \gamma_{jy}\gamma_{ky}) \right. \right.$$
$$\left. \left. \rho_{jk} S_{hj} S_{hk} + \gamma_{jz}\gamma_{kz}\rho_{jk} S_{vj} S_{vk} \right] \right\}^{\frac{1}{2}} \tag{3}$$

式中：U_{ix}，U_{iy}，U_{iz}——节点 i 在 X、Y、Z 三个方向的最大位移
响应值；

m——计算时所考虑的振型数；

$[\phi]$——振型矩阵，$\phi_{j,ix}$、$\phi_{k,ix}$ 分别为相应第 j
阶振型、第 k 阶振型时节点 i 在 X 方向的
振型值，$\phi_{j,iy}$、$\phi_{k,iy}$ 与 $\phi_{j,iz}$、$\phi_{k,iz}$ 类推；

γ——振型参与系数，γ_{jx}、γ_{jy}、γ_{jz} 依次为第 j 阶振
型在 X、Y、Z 激励方向的振型参与系数；

ρ_{jk}——振型间相关系数，且

$$\rho_{jk} = \frac{2\sqrt{\zeta_j\zeta_k}\left[(\omega_j+\omega_k)^2(\zeta_j+\zeta_k) + (\omega_j^2-\omega_k^2)(\zeta_j-\zeta_k)\right]}{4(\omega_j-\omega_k)^2 + (\omega_j+\omega_k)^2(\zeta_j+\zeta_k)^2} \tag{4}$$

ω_j，ω_k——相应第 j 阶振型、第 k 阶振型的圆频率；

ζ_j，ζ_k——第 j、k 阶振型的阻尼比；

S_{hj}，S_{vj}——相应于第 j 阶振型自振周期的水平位移、竖向位
移反应谱值，且

$$S_{hj} = \frac{\alpha_j g}{\omega_j^2} \tag{5}$$

$$S_{vj} = \frac{\alpha_{vj} g}{\omega_j^2} \tag{6}$$

g——重力加速度；

α_j，α_v——相应于第 j 阶振型自振周期的水平地震影响系数，含义及计算方法与本标准第 4.4.8 条相同。

2 第 p 根杆件最大地震内力响应

$$N_p = \left\{ \sum_{j=1}^{m} \sum_{k=1}^{m} \beta_{jp}\beta_{kp} \left[(\gamma_{jx}\gamma_{kx} + \gamma_{jx}\gamma_{ky} + \gamma_{jy}\gamma_{kx} + \gamma_{jy}\gamma_{ky}) \cdot \right. \right.$$

$$\left. \left. \rho_{jk}S_{hj}S_{hk} + \gamma_{jz}\gamma_{kz}\rho_{jk}S_{vj}S_{vk} \right] \right\}^{\frac{1}{2}} \tag{7}$$

式中：N_p——为第 p 根杆件的最大内力响应值；

t——结构总自由度数；

T_{pq}——为内力转换矩阵 $[T]$ 中的元素，根据节点编号和单元类型确定；

β_{jp}，β_{kp}——系数，按下式计算：

$$\beta_{jp} = \sum_{q=1}^{t} T_{pq}\phi_{jq} \tag{8}$$

$$\beta_{kp} = \sum_{q=1}^{t} T_{pq}\phi_{kq} \tag{9}$$

4.5 温度作用分析

4.5.1 温变作用对刚度较大或支承约束刚度较强的格构结构影响较大，会导致较大的温度应力，或对支承结构产生较大的推力。因此，当支承约束刚度较强时，即使支承点距离较短，仍能产生较大的推力。相反，支承约束刚度较弱时，即使结构的覆盖面积较大，温度应力会有效释放。因此，跨度小的结构，温度作用的反应会越强烈。

4.5.2 温差应根据现行国家标准《建筑结构荷载规范》GB 50009 的规定取值，因空间格构结构的特殊性，宜同时考虑局部温差和下部支承结构的作用。

4.7　节点及局部受力分析

4.7.1～4.7.2　结构的整体模型分析计算,无法得到节点的内应力及变形,而常规的节点,可采用现行规范中的设计方法进行验算,但对于结构中形状复杂、构造复杂的节点、新型节点以及特殊节点,现行规范没有设计方法,因此,应通过数值分析确定其设计状态应力与变形及其承载力。当数值计算不能保证结果准确时,宜通过试验研究验证数值计算结果,确定其承载力。

结构中形状及构造复杂的局部区域或子结构,具有与复杂节点类似的问题。因此,也应通过数值分析确定其设计状态应力与变形及其承载力,并宜通过试验研究验证。

5 结构和构件设计

5.1 一般规定

5.1.1 杆件截面的最小尺寸应根据结构跨度与节点间距离大小确定,并考虑运输和施工过程的影响。应避免运输过程中引起构件的变形影响结构受力,以及结构在安装过程中的部分构件受力的拉压方向改变导致的危险情况。

5.1.2 杆件的构造设计除应满足封闭要求外,还应使构件便于检查、清刷、油漆,提高构件的耐腐蚀能力。

5.1.4 对于几种不同类型的结构相互作用,应该明确它们之间的支承与被支承关系。

5.1.7 设计斜拉结构时,斜拉索在荷载作用下不发生松弛。因此,应设计平衡系统,确保结构在各种荷载和作用下的稳定性。斜拉结构稳定系统可以依靠被拉结构自重来维持稳定,也可采用稳定索或其他刚性稳定体系。

5.1.9 屋面坡度小于3%时,屋面结构或构件应考虑由于结构变形或排水不畅导致局部积水产生的积水荷载对结构产生的影响。

5.1.10 抗风设计应根据风致效应的基本概念设计结构的外形及表面几何形状,以减少风和结构之间的相互作用,是一种积极的设计方法。

5.1.11 导风装置是通过改变结构周围风场的绕流特性,以减小风对结构的作用。

5.1.12 对有抗震设防要求的空间格构结构,应根据不同结构形式进行抗震设计,并应考虑上下部结构的协同工作。根据其协同关系设计格构结构的支座节点,并考虑上部空间格构结构振动时对下部支承结构的影响。

抗震设计宜考虑以释放地震作用以减少地震作用效应,整个系统做到刚柔结合,以减小地震作用对结构的影响。

5.1.13 带有限位装置和可滑动摩擦的支座,在满足必需的竖向承载力的同时,可给结构提供较大的侧向位移能力。

5.1.15 滑移或弹性支承节点的构造是为了释放或减少温度变化的影响。

5.2 设计参数

5.2.1 空间格构结构的跨厚比和网格尺寸的合理取值,主要通过考虑结构跨度、各种不同空间格构结构的体系刚度差异以及屋面体系(实际上是反映了屋面荷载水平和平面内刚度)的差异等因素,根据统计分析得到的相对较经济和合理的参数。

5.2.2~5.2.3 所列出的有关参数是为初步设计提供建议值。双曲抛物面网壳、椭圆面网壳的有关参数可依据现行行业标准《空间网格结构技术规程》JGJ 7。

5.2.5 空间格构结构夹角不宜过小,因为过小可能使结构刚度矩阵趋于病态,这时求的解不正确,除非采用病态方程求解方法。构件夹角过小也为制作、安装带来困难。

5.4 工业厂房中的空间格构结构

5.4.1 在工业厂房中为了满足生产工艺的需要,空间格构结构的跨度或柱距有时会很大,这时宜在开口端采取加强措施,以增加刚度和稳定性,保证有效传力。

工业厂房中的墙架结构的体系,一般有整体式和分离式两种。整体式是利用厂房柱和中间墙架柱一起来支撑横梁和墙体,组成墙架结构体系。分离式是在厂房柱外侧另设墙架柱与中间墙架柱及横梁等,共同组成独立的墙架结构体系。

5.5 杆 件

5.5.2 本条文中的单层网壳是指采用焊接空心球节点网壳、鼓节点网壳。

5.6 变形控制

5.6.1 当有实践经验或有特殊要求时,可根据不影响正常使用和观感的原则调整结构的变形(挠度或侧移)容许值。

5.6.2 变形控制是指在正确进行结构分析的基础上对结构变形的设计,故变形控制主要是在工作状态下是否满足使用要求及观感要求。此外,变形控制还应指理论分析结果与实际变形之间的差别。目前各设计规范中对变形控制只强调了使用和观感,事实上,理论分析与结构实际变形的控制是非常重要的。结构变形观感控制主要根据建筑要求及人的心理决定的,而使用要求则根据某一特定结构的特定要求确定,所以对有特殊要求的结构应由设计人员确定。

对于地震作用下结构的变形控制宜适当放宽,因为地震作用是瞬间作用,只要不因变形过大而导致结构某些构筑物的破坏及对人、物的伤害即可。放宽地震作用下的变形控制,可以有效释放地震作用。对变形放宽后分析宜采用二阶理论,考虑变形对内力可能产生的影响。

5.7 疲劳验算

5.7.1 本条说明本节适用范围为在常规、无强烈腐蚀作用环境中的结构构件和连接。

5.7.3 本章采用荷载标准值按容许应力幅进行计算。疲劳计算的方法可参照现行国家标准《钢结构设计规范》GB 50017 中的有关规定。

6 节点设计

6.1 一般规定

6.1.2 焊接连接节点体系是指杆件主要通过焊缝与节点连接。机械连接节点体系是指螺栓连接、铆钉连接、轴销连接、嵌合连接及其他组合连接。

6.1.3 空间格构结构整体分析可能选用简化模型,其分析的结果可能对截面设计的影响不大,但是节点区的受力是非常复杂,无论何种节点,客观上都存在拉、压、弯、剪、扭等复杂应力状态。因此,在节点设计时应充分考虑客观存在的应力状态,而不宜以整体简化模型的计算结果作为节点分析和设计的依据。

6.1.4 本条措施是为了消除结构安装偏差,避免或减少因偏差导致的装配应力。

6.2 节点类型与构造

6.2.1 支座节点形式主要有:压力支座节点、拉力支座节点、可滑移与转动的弹性支座节点以及兼受轴力、弯矩和剪力的刚接支座节点。

6.2.2 平板压力支座:构造简单,加工方便,支座底板下应力分布不均匀,与计算假设相差较大。单面弧形压力支座节点:支座底板下应力分布均匀,沿弧面可转动。球铰压力支座节点、滑移转动支座节点:构造复杂。

弧形支座板的材料宜用铸钢,单面弧形支座板可用厚钢板加工而成。

6.2.25 焊接空心球构造措施为了可靠地传递杆件内力,以及使空心球能有效地布置所连接的圆钢管杆件。

钢管与空心球之间的焊接应保证焊缝质量,并实现焊缝与钢管等强,否则应按角焊缝计算。

6.2.36 相贯节点主要用于具有承受主要内力的主管的结构中,支管焊于主管上。相贯节点设计时,应考虑主管的局部失稳、主管在支管作用下的冲切强度、主管与支管之间焊缝强度。

6.2.44 索杆连接节点应传力可靠,连接便利,外形尽可能美观且符合建筑造型要求。

6.2.46 冷铸锚固、热铸锚固适用于钢丝束索和大直径(>30 mm)的钢丝绳索,压制锚固适用于小直径(<30 mm)的钢丝绳索。

1 冷铸锚固是将钢丸和环氧树脂搅拌后注入锚具,随后进行固化,最终与钢丝凝固后形成锚塞。

2 热铸锚固是将锌铜合金熔化后,注入锚具,随后进行空冷形成的锚塞。

3 压制锚固是利用压力机将索体与锚具进行压接,形成一个整体。

6.2.48 索头的其他连接形式还有:压套连接(图 A.0.4-1)、夹头连接(图 A.0.4-2)、螺栓连接、内螺纹连接、花篮螺栓连接(图 A.0.4-3)、长螺杆连接、一端带拉环的调节器连接(图 A.0.4-4)等。

6.3 节点计算

6.3.2 索结构中锚具的此计算公式不适合压制锚。

6.3.8 钢板连接节点,由于其构造比较复杂,焊缝众多,有时会出现施焊困难的情况,此时焊缝的质量难以保证,故宜通过焊缝强度的折减来保证其传力的可靠性。

6.3.10 用于单层网壳结构承受拉弯或压弯的空心球时,其承载力设计值可按现行行业标准《空间网格结构技术规程》JGJ 7 的规定计算。

6.3.12 焊接空心鼓节点具有比空心球节点轻巧的特点,受到建筑师的欢迎。目前已有工程应用与结合工程应用的试验研究和理论分析成果,本条计算公式是根据现有试验和理论分析研究成果得出。本标准第 5 章对焊接空心鼓节点构造上已有限制,在满足上述构造要求下焊接空心鼓节点受压时系强度破坏,故抗拉、抗压承载力用同一公式。当节点受压弯或拉弯作用时,参照焊接空心球节点计算公式一样乘以影响系数 0.8;当有确切计算分析依据时,也可按工程实际调整。

6.3.15 对于一些无法用钢型材制作的节点可以采用铸钢节点,铸钢节点虽然成形随意,但有以下一些问题应该注意:首先,考虑铸件材性不均匀性,铸件的表面强度最大,芯部强度较低,所以铸件的材料性能与理想的材料性能有区别,在试验时一般只能测得其表面应力。因此,采用理想材料分析时,应考虑实际材料的不均匀性。其次,一般铸钢件都不可避免会产生裂缝,所以判别裂缝的深度及裂缝的形状很重要。对仅在表面的裂缝可以通过修补后正常使用,而在铸钢件内的裂缝则在结构件中是不允许的。故对铸钢件的裂缝检测很重要。当然设计铸钢节点时,应尽可能避免调质处理,减少产生裂缝的可能性。

6.3.17 本条规定了有限元分析的一般原则。

7 结构的防火、隔热与防腐蚀

7.1 防火、隔热

7.1.1 空间格构结构主要用于一般工业与民用建筑的楼、屋盖中,在防火、隔热与防腐蚀方面与其他的钢结构楼、屋盖基本相同。当然,对于特定形式的空间格构结构,也有其自身的特点。

根据现行建筑设计防火规范,作为楼盖和屋盖的空间格构结构,应按照建筑物的耐火等级确定材料燃烧性能和耐火极限。如钢结构属非燃烧体,其耐火极限根据不同等级的建筑分别有不同时间的耐火时限。

防火材料的使用必须使空间格构结构满足相应的耐火极限要求。

7.1.2 本条所提要求是对防火材料的基本要求,目的是保证防火涂层的正常工作。不同类型的防火喷涂材料,要达到规定的耐火极限的厚度是不同的。加之材料的品种繁多,标准中难以给出选用表。

7.1.3 本条系针对建筑物上的外观要求较高的空间格构结构,但这样做时,需得到消防部门批准。

7.2 防腐蚀

空间格构结构的防腐蚀的关键是在制作时将锈蚀清除干净,包括清除毛刺、焊渣、铁锈、油污及其他附着物。再根据不同情况选用高质量的油漆或涂层加以保护,以及妥善的维护制度。

考虑到空间格构结构的建筑物和构筑物所用的环境和要求不同，在防腐蚀能力的要求上差别很大，因此除特殊需要外，一般考虑了有效的防腐措施后不考虑锈蚀的影响。当设计使用年限大，在使用期间不能进行妥善地维护的空间格构结构，应采取特殊的防腐蚀措施。

8 空间格构结构的制作

8.4 螺栓球节点网架的制作

8.4.5 杆件施焊应符合下列要求：

1 焊工应考核并取得合格证后方可施焊，停工半年以上应重新考核。

2 焊条和钢焊丝在使用前，必须按照质量证明书的规定进行烘焙，低氢型焊条经过烘焙后，应放在保温箱内随用随取，焊丝应除锈蚀和油污。

3 施焊前，焊工应复查组装质量和焊缝区的处理情况，当不符合要求时，应修整合格后方能施焊，焊接完毕后应清除熔渣及金属飞溅物，并应在焊缝附近处打上焊工的钢印代号。

4 多层焊接应连续施焊，其中每一道（层）焊缝完工后应及时清理，发现焊接缺陷后，必须清除后再焊。焊缝出现裂纹时，焊工不得擅自处理，应申报技术负责人查清原因，制定修补措施，且在同一处的返修不得超过 2 次。

5 不能在焊缝区以外的母材上打火引弧，也不得在工艺装备上引弧，在坡口内起弧的局部面积应熔焊一次，不得留下弧坑。

8.4.8 试件随机抽样。取其端部一段，在开口端再焊上锥头或封板，配上相应高强度螺栓组成试件，其截面积以试件钢管的实际尺寸计算。

样本数量抽取受力最不利的杆件，以每 300 根同规格杆件为一批，每批取 3 根为一组随机抽查，不足 300 根仍按一批计。

8.4.15 最大批量：对小于或等于 M36 螺纹直径的，为 500 件；对大于 M36 螺纹直径的,为 200 件。

8.5 焊接空心球、板、空心鼓节点格构结构的制作和拼装

8.5.4 钢板的加热温度是指热轧钢板的加热温度。当钢板为正火板时,应按钢厂的产品说明书规定的温度加热。钢板在加热炉中的加热和保温时间不宜过长,时间过长会产生过热和过烧现象,从而影响钢材性能。

8.5.16 结构或形状简单的格构结构可以不进行试拼装;对出口到国外的格构结构宜进行试拼装。对单元相同的格构结构,可进行单元试拼装;对单元不同但结构对称的格构结构,可进行部分结构试拼装;对单元不同、结构不对称的格构结构,宜进行整体结构试拼装。

8.6 相贯节点格构结构的制作和拼装

8.6.3 钢管采用三辊卷板机卷曲成形时,管节段长度一般在 4 m 以内,需要多节管拼接接长。因此,加工时,需要严格控制管节外形尺寸,特别是端部圆度和直径。钢管采用压制生产线成形时,不同生产线有不同的生产能力。生产线主要加工设备有钢板铣边机、钢板预弯机、电液伺服数控折弯成形机、合缝预焊机、钢管内焊机、钢管外焊机、钢管精整机和钢管矫直机。

8.6.4 采用型弯机弯曲钢管时,应根据钢管规格选用相应的模具,钢管在型弯机上为连续弯曲,弯曲半径可通过模具(即滚轴)间的距离进行调整;采用液压机弯曲钢管时,应根据钢管规格选用相应模具,钢管在液压机上为逐步渐进式弯曲,钢管每次进给量宜控制在 500 mm~700 mm。钢管下压量可由液压机行程控制,下压量的大小应根据曲率半径确定,一般可分 3 次~5 次成型。表 2~表 4 为不同成型次数的下压量参考值,下压量应包含回弹量。

表 2　分 3 次成型时下压量参考值

第一次	第二次	第三次
$H/2$	$H/3$	$H/6$

表 3　分 4 次成型时下压量参考值

第一次	第二次	第三次	第四次
$H/3$	$H/3$	$H/6$	$H/6$

表 4　分 5 次成型时下压量参考值

第一次	第二次	第三次	第四次	第五次
$H/3$	$H/3$	$H/6$	$H/12$	$H/12$

注：H 为压弯钢管长度范围内的总压下量。

8.7　制索要求

8.7.2　拉索在制作过程中还应保留生产、检测记录表，以备查。包括锚具热处理及硬度检测记录、锚具几何尺寸检测记录、锚具表面镀层或涂层厚度的检测记录、半成品索各制作工序的生产记录。

8.7.6　钢丝绳及钢绞线预张拉次数不少于 3 次，每次持荷时间不应小于 60 min。消除非弹性变形的判定依据为：最后两次预张拉的非弹性变形量之差不大于预张拉长度的 0.15‰。

8.7.7　拉索的设计长度允许偏差应符合表 5 的规定。

表 5　拉索长度允许偏差

拉索长度 L(m)	允许偏差 ΔL(mm)
$L \leqslant 100$	$\leqslant 20$
>100	$(1/5\,000)L$

拉索铸体回缩值的测量方法为：超张拉前先加载至公称破断

荷载的 10%,持荷 3 min 后卸载,测量铸体回缩值,再加载至超张拉载荷,持荷 5 min 后卸载,测量铸体回缩值,两次之差为最终铸体回缩值。

9 空间格构结构的安装

9.1 一般规定

9.1.2 构件吊装和结构整体安装遵循施工过程中产生的内力和位移最小的原则,是使结构和构件安装过程最为安全的保障手段,也是使结构最终施工状态和设计要求状态最大程度上相符的根本措施。

9.1.3 安装过程中,永久结构和临时结构是耦合作用在一起的,二者的内力和变形相关,因此都需要进行控制验算。

9.1.8 由测控和计算分析结合的控制目标体系可以通过测控过程反馈来分析计算结果的准确性,以准确评价下步施工过程的安全性及应采取的措施。

9.1.11 施工工况应考虑施工荷载、施工方法、施工设备、周围环境等因素的影响。在施工工况的验算说明书中应明确安装方法的适用条件或限制条件。

9.1.16 具体控制由设计和安装单位协商决定。

9.2 施工阶段设计

9.2.2 施工过程计算模拟:

    1 形式复杂的空间格构结构是指跨度较大、形体构成比较复杂、结构重量大,其最终形态受不同施工方法影响较大的结构。

    2 安装误差产生的影响通常不需考虑,但对于形式复杂的空间格构结构或者受初始几何缺陷影响较大的空间格构结构,施工期计算需要考虑安装误差的影响。

3 由计算分析和测控结合的控制目标体系可以通过测控过程反馈来分析计算结果的准确性,以准确评价下步施工过程的安全性及应采取的措施。

4 复杂的临时结构较难通过单一的弹性刚度来模拟其对永久结构的影响。因此,宜将复杂临时结构与永久结构进行共同作用分析。

9.2.3 施工过程可视化模拟:

结构形式复杂或安装过程复杂的空间格构结构,其施工工艺或流程相对较为复杂,可以借助三维可视化软件对整体施工过程或关键工艺进行预先模拟,从而评判施工方案的合理性;必要时,调整施工方案直至达到要求。

9.3 结构安装过程控制

9.3～9.4 结构从开始建设到完工有如下四种状态:

1 几何零状态:即结构无任何荷载作用时的设计初始状态。

2 施工状态:即结构在施工过程中,受自重和其荷载影响的状态。

3 几何初态:即结构合拢后且只受自重作用影响的状态。

4 几何终态:即结构合拢后,受自重和二次恒载(如屋面板等维护和附加恒载)影响的状态。

9.3.1 结构变形的控制、结构构件强度的控制、结构或构件的稳定性控制和结构温度影响的控制,可以从根本上保证结构安装的顺利进行和达到设计要求的目标。对于一般的空间格构结构而言,前三项的控制是必须的。

9.3.3 结构的施工过程是结构内力和变形不断变化的过程,只有对整个过程进行连续计算,才能得到符合实际的结果,从而保证结构施工的顺利进行。

9.3.4 确保构件在弹性范围内工作,且有一定的安全储备。

9.3.5 对于柔性结构,特别是膜与空间格构结构组合的空间结构,其变形的控制很难确定统一的标准,在保证正常安装,并能最终达到设计要求的前提下,由施工方和设计方协商决定。

9.3.6 采用网壳结构作为临时支撑的整体稳定性的安全系数应大于4,其中整体稳定性计算时应考虑初始缺陷、几何非线性和材料非线性。

9.3.7 结构由拼装工作面升起和落位的瞬间,存在整个提升(顶升)过程中最大加速度,对结构影响较大,因此必须严格控制其加速度,确保结构施工的安全。

9.3.8 对于超重结构的整体提升或顶升,γ 的取值宜适当增大。

9.3.9 目的是减小温度对结构合拢的影响。

9.3.10 目的是指导后续安装构件的制作和安装。

9.4 结构卸载过程控制

9.4.1 卸载过程中,前四项控制内容是必须的。

9.4.7 任何施工方法都不可避免地在结构达到几何初态时,构件产生一定大小的初应力和初始变形,初应力的限值应与设计讨论后商定,以保证结构可以正常使用。

9.6 工程监测

9.6.1 施工阶段最不利构件和最大的变形应首先通过对采用的施工方法进行计算分析确定。

9.6.2 使用阶段最不利构件和最大的变形应由设计提供或经计算确定。

9.6.4 对于形式复杂的空间格构结构或者跨度较大的空间格构结构,应同时进行结构几何状态参数监测、温度监测、应力监测。